Bruno P. Kremer | Fritz Gosselck

Helgoland

Ein Naturreiseführer

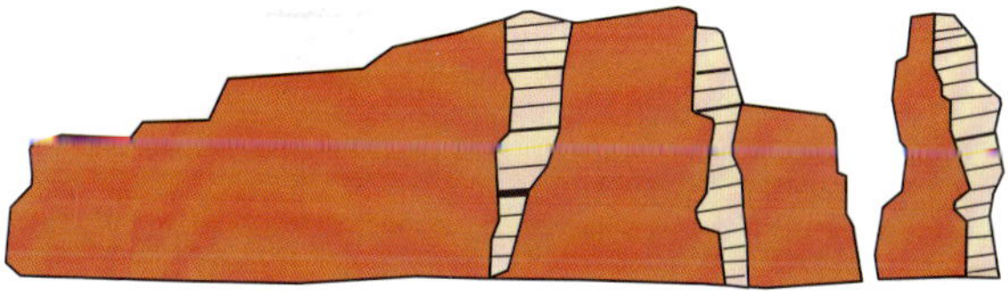

Quelle & Meyer Verlag Wiebelsheim

Bibliografische Information der Deutschen Nationalbibliothek
Die Deutsche Nationalbibliothek verzeichnet diese Publikation in der Deutschen Nationalbibliografie; detaillierte bibliografische Daten sind im Internet über http://dnb.d-nb.de abrufbar.

Umschlagabbildungen: vorne: Kremer, B. P. (o., m., u. m.), Hecker, F. (u. li., u. r.)
hinten: B. P. Kremer (o. li., o. re., m.), F. Gosselck (u.)
Druck und Verarbeitung: Westermann Druck Zwickau GmbH
Printed in Germany/Imprimé en Allemagne
ISBN 978-3-494-01918-5

Die Autoren

Dr. Bruno P. Kremer hat Biologie, Chemie und Geologie studiert. Arbeitsschwerpunkte waren zunächst Labor- und Feldforschung zu Problemen der biochemischen Ökologie, später zunehmend Bearbeitung regionalkundlicher Themengebiete. Er hat zahlreiche Zeitschriftenbeiträge und Bücher zu biologisch-ökologischen Sachthemen sowie zur Naturerlebnispädagogik veröffentlicht.

Dr. Fritz Gosselck studierte Biologie mit Spezialisierung auf Meeresbiologie. Seit 1980 ist sein Forschungsobjekt die Ostsee. Dabei beschäftigen ihn die Probleme des Nährstoffeintrags, die Tiere und Pflanzen des Brackwassermeeres sowie der Meeresnaturschutz. In seiner Freizeit ist er seit über 50 Jahren auf der Insel Langenwerder als „Vogelwärter" tätig.

Inhalt

Irgendwo ins grüne Meer
Hat ein Gott mit leichtem Pinsel
Lächelnd, wie von ungefähr
Einen Fleck getupft: die Insel.

James Krüss (1926 – 1997)

Helgoland – ein echtes Natur-Highlight

Ein Geotop mitten im Meer – Helgoland von Westen aus der Luft. Archiv Helgoland Tourismus-Service, mit freundlicher Erlaubnis.

Helgoland schon fest im Blick – bis zur Ankunft auf der Reede sind es jetzt nur noch wenige Minuten.

Alle Inseln (nicht nur diejenigen in der Nordsee) sind auf ihre jeweils spezielle Weise einzigartig und unverwechselbar, aber Helgoland ist unter allen übrigen schon etwas ganz Besonderes, und das ist so auch schon beim römischen Autor Tacitus in seiner *Germania* erwähnt: Dieses weit draußen in der Nordsee gelegene und unbedingt erlebniswerte Eiland ist die (nicht nur Deutschlands) küstenfernste Insel in diesem Meeresgebiet. Wenn man von irgendeinem deutschen Küstenort eine höchstens 3-stündige Seereise in Richtung Helgoland antritt, ist die rote Insel im Unterschied zu allen anderen Mitgliedern der friesischen Inselketten zunächst noch gar nicht zu sehen, denn trotz ihrer respektablen Höhe von etwas über 50 m ü. NHN (Normalhöhennull) liegt sie aus der Blickrichtung des jeweiligen Starthafens noch deutlich unterhalb des Horizonts, eine klare Demonstration bzw. Folge der Erdkrümmung. Immerhin beträgt die Entfernung zur Südspitze von Sylt 67 km (36,2 sm), und bis zur Westküste der Halbinsel Eiderstedt bei St. Peter-Ording sind es 47 km (25,4 sm). Von der Elbemündung bei Cuxhaven muss man bis Helgoland 62 km (33,5 sm) zurücklegen. Bis zur Ostfriesischen Inselwelt sind es 43 km (Wangerooge; 23,2 sm) bzw. 70 km (37,8 sm; Norderney) und gar 101 km (Borkum, 51,3 sm) (sm = Seemeile = 1,852 km = 60. Teil vom Durchschnittsabstand zwischen zwei Breitenkreisen (≈ 111,15 km), entsprechend 1 Bogenminute auf einem Meridian). Erst etwa eine dreiviertel bis gute halbe Stunde, bevor das Seebäderschiff auf der Helgoländer Reede den Anker fallen lässt oder an einer Hafenmole festmacht, lösen sich die charakteristischen Inselkonturen allmählich aus dem oft vorhandenen Dunstschleier, und nach und nach wird auch die kennzeichnende Färbung des roten Felsens erkennbar. An dieser Seeposition ist das sicherlich geradezu ein Mysterium und auf jeden Fall erklärungsbedürftig.

Ein Meer, zwei Inseln und drei Länder

Bei der Annäherung per Schiff zeichnet sich kurz vor der Ankunft auf der Reede oder am Hafenanlieger die charakteristische Kontur dieser einmaligen Insel ab. Die Inselgemeinde Helgoland mit ihren vielen schmucken Wohnhäusern verteilt sich auf verschiedene Ebenen: Nach der Ankunft auf der Landungsbrücke

H
Petersen sin Hörn
Lange Anna
Lummenfelsen
Bread Hörn
Djunk Hel
Seliger Hörn
Nuurder Moadek
Floagenberighörn
Oberland
Nuurder Moadek
Vogelwarte
Nordost-
hafen
Letj Kark
Medelst Hörn
Unterland
Siderst Hörn
Block Hörn
Mittelland
Binnenrec
Ort
Westmole
Vor
Südm

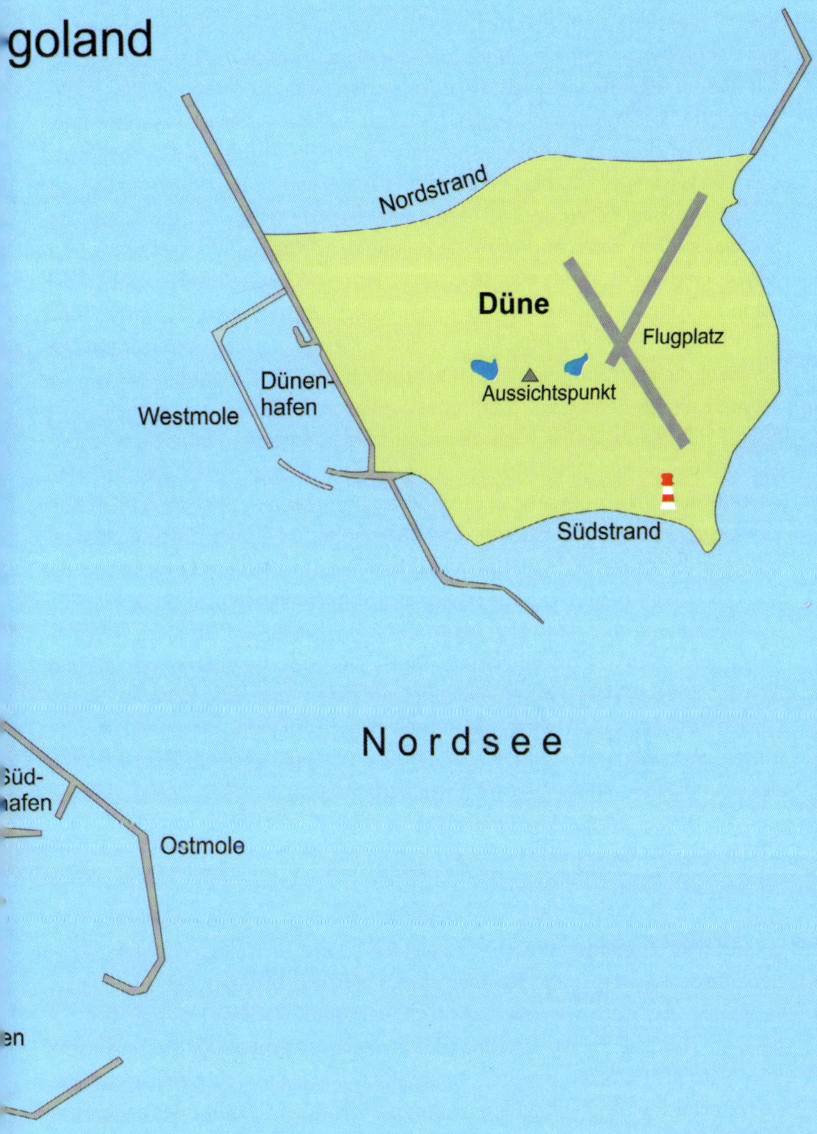

Helgolands Topographie: Kartengrundlage aus Dierschke et al. (2011), mit freundlicher Erlaubnis.

oder im Südhafen bewegt man sich zunächst im Unterland. Die aufragende rote Felsflanke ist von hier aus schon klar erkennbar und bislang (trotz ehrgeiziger Projektfantasien) glücklicherweise unverbaut. Davon klar abgesetzt ist der zweite Teil der Inselgemeinde, das Oberland – für Sportliche leicht erreichbar über eine breite und vielstufige Treppe am Ende des Lung Wai (das ist die wichtigste Verbindungsachse von der Landungsbrücke zur aufragenden Felskante) oder deutlich bequemer per Fahrstuhl. Beim Treppenende oben oder beim Verlassen der Liftanlage sollte man einfach mal an die sichernde Schutzmauer am Falm treten und den atemberaubenden Blick über das Unterland und das südlich daran angrenzende Hafengelände genießen. Spätestens jetzt wird auch deutlich, dass Helgoland tatsächlich eine Doppelinsel ist: Neben der roten Hauptinsel liegt ein wenig weiter östlich und getrennt durch die rund 800 m breite Helgoländer Nord- bzw. Südreede die gänzlich andersartige Düneninsel, die man auf Helgoland meist einfach „die Düne" nennt.
Aufmerksamen Beobachtern kann beim Anlanden nicht entgangen sein, dass es auf Helgoland heute noch eine dritte Siedlungsebene gibt: Südwestlich angrenzend an die Oberlandbebauung zeichnet sich in der Inselkontur eine weitere Struktur ab, die sehr an Explosionskrater erinnert. Und tatsächlich sind es welche, die von der versuchten Inselsprengung 1947 durch die britische Marine herrühren. Hier befanden sich vor dem Zweiten Weltkrieg errichtete militärische Einrichtungen (U-Boot-Hafenhalle, Bunkeranlagen u.a.). Im nördlichen Aussprengkrater befinden sich heute das Helgoländer Krankenhaus (Paracelsus-Nordseeklinik) sowie ein Seniorenheim. Der Südliche blieb unbebaut und ist auf seinen steilen Hängen ein echtes Pflanzen- und Vogelparadies. Diese beiden Sprengtrichter bilden zusammen das Helgoländer Mittelland. Unter-, Mittel- und Oberland – die Drei-Länder-Koalition auf der Hauptinsel – sind in der schmucken Inselgemeinde ein wunderbarer Dreiklang.

Eine Hochseeinsel?

Trotz der durchaus beträchtlichen Distanzen zur Festlandküste kann man Helgoland nach ozeanographischen Maßstäben nicht als Hochseeinsel bezeichnen, obwohl es die Touristikbranche so unentwegt beteuert. Die Felseninsel liegt zwar zugegebenermaßen ziemlich weit draußen, aber bezogen auf die gesamte Nordsee doch noch ganz tief im inneren Winkel der Deutschen Bucht (hier auch als Helgoländer Bucht bezeichnet). Als echte Hochseeinsel müsste sie tatsächlich viel näher im Bereich des kontinentalen Schelfrandes liegen, der etliche hundert Kilometer weiter nördlich zwischen Nordschottland und Südnorwegen verläuft und die Nordsee vom Europäischen Nordmeer abtrennt. Immerhin kann man vom höchsten Inselpunkt, dem 61,3 m hohen und sogar

Die Insel begrüßt ihre Gäste an der Stirnseite der Landungsbrücke auf Helgoländisch mit dem schönen Spruch Welkoam iip Lunn (Willkommen auf Helgoland).

von einem Gipfelkreuz gekrönten „Pinneberg" (eine künstliche Aufwerfung als Folge der fürchterlichen britischen Nachkriegsbombardements und heute höchste Erhebung in Schleswig-Holstein; Helgoland gehört seit der Freigabe 1952 politisch zum SH-Kreis Pinneberg) rundum nur Nordsee erblicken – eine zweifellos faszinierende und sogar grandiose Trilogie aus Wasser, Wind und Weite, die man so von keinem anderen Beobachtungspunkt an oder in der Nordsee erleben und genießen kann. Allenfalls die meist erst gegen Mittag einsetzenden Wolkenbildungen über Jütland in Schleswig-Holstein bzw. Dänemark verraten den ungefähren Küstenverlauf des Festlandes. Andererseits: Bei Dunkelheit und klarer Sicht kann man von einer Aussichtskanzel am südlichen Oberland-Rundweg (Falm) tatsächlich noch alle wichtigen küstennahen Leuchtfeuer von Sylt (Hörnum) bis Borkum erkennen. Nahe beim Treppenabgang zum Mittelland sind hier in die Falmmauer als Orientierungshilfe die entsprechenden Richtungspfeile mit den jeweiligen Entfernungsangaben eingelassen. Zudem kann man von hier aus (auch tagsüber) sogar den Schiffsverkehr zur oder von der Elbmündung beobachten. Eine solche relative Küstennähe reicht für die sicherlich werbewirksame Notierung Hochseeinsel aber keineswegs aus. Unverwechselbar ist der rote Felsklotz dennoch und präsentiert eine einzigartige Bilderbuchkulisse, die spätestens seit Urgroßvaters Zeiten die Reisenden aus vielerlei Gründen anzieht.

Die Inselfarben (grün – rot - weiß) sind überall präsent.

Was das Seerecht sagt

Die Sache hat neben der geographischen aber auch eine nicht minder bedeutsame seerechtliche Facette. Bis vor wenigen Jahren galten die Meere als *res communis* – sie gehörten allen gemeinsam und durften weder insgesamt noch teilweise von einzelnen Staaten beansprucht werden. Nur einen schmalen küstenparallelen Streifen von zunächst drei Seemeilen (sm) unterstellten die meisten Küstenstaaten der eigenen Souveränität. In den 1960er-Jahren begann jedoch ein Prozess der Aneignung umfangreicher Meeresgebiete: 1964 proklamierten die Bundesrepublik Deutschland und die DDR jeweils eine Festlandsockelzone, 1977 erklärte die Bundesrepublik zudem eine Fischereizone in der Nordsee. Dann folgte 1986 die Ausweitung der westdeutschen Dreimeilenzone zur sogenannten Helgoland-Box. Die Seegrenze der DDR zur damaligen Bundesrepublik in der Lübecker Bucht (Ostsee), etwa die Mittellinie, basierte auf Absprachen zwischen britischen und sowjetischen Besatzungstruppen.

Als Küstenmeer wird nach Seerechtsübereinkommen (SRÜ) ein an die Landfläche eines Küstenstaates angrenzender Meeresstreifen bezeichnet, in dem der Küstenstaat volle Souveränität ausübt (Hoheitsgewässer, Territorialgewässer). Hier gilt auch das Seevölkerrecht. Die seewärtige Grenze des Küstenmeeres entspricht auch der Seezollgrenze. Die Breite des Küstenmeers darf jeder Staat bis zu einer Grenze von höchstens 12 sm von der Basislinie festlegen. Ursprünglich orientierte sich die Breite der Hoheitsgewässer allerdings an der Kontrollierbarkeit mit Geschützfeuer von Land aus (nach der Überlegung *potestatem terrae finiri, ubi finitur armorum vis* – die territoriale Souveränität endet dort, wo die Kraft der Waffen endet). Man einigte sich auf die ungefähre Weite eines Kanonenschusses mit einheitlich drei Seemeilen (3 sm = 5,556 km) und so entstand die Drei-Meilen-Zone. Der restliche Teil der Weltmeere galt als internationales Gewässer.

Das am 29. April 1958 geschlossene Übereinkommen über das Küstenmeer und die Anschlusszone regelte die Materie, ohne sich auf eine Breite festzulegen, begrenzte allerdings die Anschlusszone auf maximal 12 sm von der Basislinie. Eine völkerrechtliche Regelung brachte erst das Seerechtsübereinkommen (SRÜ) der UN vom 10. Dezember 1982; hierin wird festgelegt, dass Küstenstaaten das Recht haben, ihre Hoheitsgewässer auf bis zu 12 sm auszudehnen. Das Küstenmeer zählt also zum Staatsgebiet des Küstenstaates (Art. 2 und 3 SRÜ). Der jeweilige Küstenstaat besitzt hier souveräne Hoheitsrechte, denn es gilt das jeweilige nationale Recht, insbesondere auf dem Gebiet der Gefahrenabwehr (Schifffahrtspolizei), des Umweltrechtes und der Strafverfolgung. Diese können gegenüber Schiffen aller Flaggen – mit Ausnahme von Kriegsschiffen – geltend gemacht und durchgesetzt werden.

Die Hochsee umfasst nach Artikel 86 des Seerechtsübereinkommens von 1982 alle Teile der Meere, die nicht zu einer Ausschließlichen Wirtschaftszone (AWZ) bzw. zum Küstenmeer gehören. Sie steht allen Staaten, ob Küsten- oder Binnenstaaten, offen. Die Freiheit der Hohen See wird gemäß den Bedingungen dieses Übereinkommens und den sonstigen Regeln des Völkerrechts ausgeübt. Als Freiheit gelten beispielsweise Fischfang, Überflug oder wissenschaftliche Forschung.

Helgoland zählt zusammen mit der gesamten Deutschen Bucht zum Bereich des Schelfs (Festlandsockel). Die seit 1995 international gültige 12-Seemeilen-Zone vor dem Festland bzw. den vorgelagerten Inseln überschneidet sich jeweils mit derjenigen um Helgoland, so dass kein internationales Gewässer die Insel vom Festland trennt. Ist also aus mehreren Gründen nichts mit der Notierung „Hochseeinsel".

Schon bald nach der Ankunft zeigt sich bei der ersten Umschau die topographische Dreiteilung der Inselgemeinde: Im Vordergrund die berühmten Hummerbuden im Südhafenbereich (Unterland), dahinter die sprengungsbedingt zerfetzte Kontur des Mittellandes. Der Funkmast befindet sich auf dem Oberland.

Als einzige Insel der Deutschen Bucht ist Helgoland aus solidem Fels aufgebaut. Seit dem Jahre 2004 ist Helgoland von der *Akademie für Geowissenschaften und Geotechnologien* (Hannover) zudem als bedeutender Nationaler Geotop ausgewiesen – ein ganz besonderes Etikett, das nur an hochrangige erdgeschichtliche Zeugnisse in unserem Land vergeben wird. Die *Heinz-Sielmann-Stiftung* hat Helgoland im Jahre 2012 nach Umfrageergebnissen auf Platz 1 von Deutschlands schönsten Naturwundern gesetzt, und in der Publikumsgunst rangiert die Insel ohnehin seit Jahren unter den Top 100 der unbedingt erlebniswerten Naturhighlights. Diese besonderen Facetten werden wir auf den folgenden Seiten näher beleuchten.

Helgoland kompakt

INFO

Geographische Position	54° 10′ 55″ N (nördlicher Breite) 7° 52′ 56″ E (östlicher Länge)

Diese Koordinaten bezeichnen die Position des Leuchtturms über dem Backenberg des Oberlandes.

Fläche	Hauptinsel knapp 1 km² Düneninsel etwa 0,7 km²
größte Länge (nur Oberland)	1,32 km
größte Breite (nur Oberland)	0,44 km
größte Länge (nur Unterland)	0,85 km
größte Breite (nur Unterland)	0,63 km
größte Länge Gesamtinsel	2,06 km
größte Breite Gesamtinsel	0,72 km
größte Länge Düne	etwa 1 km
größte Breite Düne	0,7 km
Durchschnittshöhe Hauptinsel	40 m ü. NHN
Durchschnittshöhe Düneninsel	ca. 5 m ü. NHN
Postleitzahl	27489
Festnetzvorwahl	04725

Der Natur ganz nahe

Wenn man bei unkundigen Bekannten oder Freunden freimütig von Helgoland schwärmt und unvorsichtigerweise die buchstäblich überschaubaren Abmessungen der Insel(n) erwähnt, wird man gewöhnlich mit der kritischen Nachfrage konfrontiert, ob man hier überhaupt einen mehrtägigen Aufenthalt verbringen kann, ohne schon nach wenigen Stunden furchtbar gelangweilt zu sein. Die sicherlich nicht überraschende Entgegnung kann einfach

Ein Rundgang auf dem Klippenrandweg mit prächtigsten Ausblicken auf die Buntsandsteinkulisse ist auch für Tagesgäste ein unbedingtes Muss und für längerfristig Bleibende immer wieder ein visueller Hochgenuss.

und schlicht nur lauten: Aber natürlich! Vor allem Naturbegeisterte, die sich für Gesteine, Fauna und Flora sowie für viele sonstige faszinierende Aspekte von Insel und umrahmender Nordsee interessieren, finden hier eine immense Fülle an spannenden Neuerfahrungen. Daneben bieten auch die Beschäftigung mit der stark problembelasteten jüngeren Inselgeschichte wie auch die Begegnungen mit der vielfältigen kulturellen Szene jede Menge Abwechslung, Anregungen und Einblicke. Beim Helgoland Tourismus Service kann man sich für erlebnisreiche Rundwege mit informativen Flyern und Foldern ausstatten lassen.

Dieses kleine Erlebnisbuch haben zwei vor allem mit der spezifischen Inselnatur auf der Basis langjähriger Erfahrungen vertraute Naturwissenschaftler zusammengestellt. Mit diesem thematischen Starterkit halten Sie also gleichsam eine kleine naturkundliche Gebrauchsanweisung für erlebnisreiche Tage auf der Insel in Händen, die Ihnen gewiss mancherlei überraschende und so bisher noch nicht wahrgenommene Sachverhalte bescheren.

Etwas genauer im Blick – die Inselgeologie

Für das landschaftliche Erleben sind die anstehenden Gesteine immer ein besonderer Wahrnehmungsinhalt, vor allem dann, wenn sie in großflächigen Serien aufgeschlossen sind. Das bietet die unverwechselbare Felskulisse von Helgoland in ganz besonderem Maße: Gerade der Klippenrandweg im westlichen Teil der Insel überrascht mit malerischen Aspekten und geradezu unglaublich farbprächtigen Szenerien, vor allem wenn der kräftig rötliche Buntsandstein bei Sonnenschein mit dem tiefen Aquamarinblau der umgebenden Nordsee kontrastiert: Als Felsinsel unterscheidet sich Helgoland darin erheblich von den übrigen und viel küstennäher gelegenen Inselkörpern der Westfriesischen Inseln (von Texel bis Schiermonnikoog, alle in den Niederlanden) sowie der Ostfriesischen Inseln (von Borkum bis Wangerooge, alle in Niedersachsen).

In diesen Küstengebieten der südlichen Nordsee herrschen bei Tidenhüben zwischen 1,3 und 2,9 m die unter Fachleuten so bezeichneten mesotidalen Bedingungen. Unter diesem besonderen tidalen Regime entwickeln sich fast konsequent und bevorzugt die typischen Barriere-Inseln der bezeichnen-

Solche Wattenbereiche wie an den Ost- sowie Nordfriesischen Inseln gibt auf Helgoland nicht. Dafür überrascht die Inselnatur mit anderen Highlights.

Den Schlüssel zum Verständnis von Helgolands Inselgeologie liefern die schräg einfallenden Buntsandsteinschichten.

den west- und ostfriesischen Inselketten, weil die strömungsbedingt herangeschleppten Komponenten einer Sandküste (alle übrigens ein Erbe der Eiszeiten) nur unter diesem spezifischen Gezeiteneinfluss fast zwangsläufig zu größeren, aber lockeren Materialdepots zusammenwachsen und eben langgestreckte Inselkörper bilden. Diese stellen demnach klassische und im geologischen Kontext auch noch recht junge Aufbauformen dar, die ihre jeweilige Ausformung und genaue Lage zwar so nicht für alle Zeiten beibehalten werden, aber in der erlebbaren Gegenwart einigermaßen formstabil bleiben. Nur längerfristig betrachtet sind im Laufe mehrerer Jahrzehnte deutliche Verlagerungen zu registrieren – auszumachen unter anderem an den früheren und aktuellen Kirchenstandorten (vgl. Gosselck u. Kremer 2019). An der dänischen Küste gehören Rømø, Mandø und Fanø zu diesem besonderen Inseltyp.

Bei einem durchschnittlichen Tidenhub von mehr als 3 m spricht man zutreffenderweise von Megatidenbereichen. Sie lassen Inseln aus Lockersedimenten wegen der beachtlichen Tidenströme und der damit jeweils heftiger bewegten Lockermaterialien allein aus hydrodynamischen Gründen einfach nicht zu. Daher entstehen in ihrem Wirkbereich geradezu regelhaft offene Wattengebiete mit rundlichen Sandplaten, die zwar gelegentlich kleinere Dünenzüge tragen, aber insgesamt recht instabil bleiben und häufig auch immer wieder umgeschichtet werden. Mehrheitlich befinden sie sich zwischen der Außenjade und der Halbinsel Eiderstedt im inneren Winkel der Deutschen Bucht. Hier sind sie vertreten mit Mellum, Großer Knechtsand und Scharhörn sowie nördlich der Elbmündung mit Trischen, Tertiussand und Blauortsand. Nördlich von Eiderstedt sind auch die beiden mitunter bereits der nordfriesischen Halligwelt zugerechneten Sandplaten von Süderoog- und Norderoogsand diesem speziellen Gestaltungselement zuzurechnen. Neuwerk vor der Elbmündung ist dagegen eine schon lange bedeichte Marschinsel. Etwas nordwestlich davon liegt das erst 1989 eigens als Vogelinsel im Hamburgischen Wattenmeer künstlich aufgespülte Nigehörn, das die in absehbarer Zeit wegen kontinuierlich massiver Materialabgänge wohl aufzugebende Insel Scharhörn ersetzen soll. Für die Ökologie der Wat- und Wattvögel lässt sich die Kunstinsel Nigehörn unterdessen als phänomenaler Gewinn verbuchen.

Abweichende Inselwelt

Völlig anders verlief – und dies auch erst in relativ jüngerer Zeit – die Entstehung der Nordfriesischen Inselwelt: Wo eine moderne großräumige Landkarte Schleswig-Holsteins die Westküsten von Sylt, Amrum sowie von Eiderstedt konturgenau verzeichnet, verlief bis in das hohe Mittelalter das zuvor als Siedlungs- und Wirtschaftsgebiet schon als einigermaßen sicher geltende nordfriesische Festland als Außenposten von Jütland und wegen seiner exponierten Lage zur Nordsee aber dennoch immer ausdrücklich als „Uthlande“ bezeichnet. Eine berühmte, bereits 1240 in dänischem Auftrag erstellte und veröffentlichte Kartendarstellung von Johann Meier verzeichnet die nordfriesischen Uthlande nach heutigen Kriterien zwar topographisch im Detail nicht allzu exakt, aber immerhin als weitgehend zusammenhängendes und vor allem landfestes Gebiet. Das aktuelle Kartenbild der schleswig-holsteinischen Westküste zeigt uns dagegen ein weithin zergliedertes und zerschlagenes Restgebiet: Mit seinen vielen Inseln und Halligen ist das küstennahe Nordfriesland ein beeindruckendes Dokument vom unbarmherzigen Wüten katastrophaler Sturmfluten. Solche Ereignisse, darunter die *Erste Marcellusflut* vom 16. Januar 1219 oder die berüchtigte *Grote Mandränke* vom 16. Januar 1362, zerrissen die damals schon in Teilen bedeichten friesischen Uthlande. Nordfriesland wurde zu großen Teilen in Inseln und Halbinseln zerlegt. Weitere katastrophale Fluten (1634: *Burchardi*-Flut; ferner schwerste Sturmfluten in den Jahren 1717–1720 sowie 1825) brachten überall im Küstenraum neue

Helgolands imposante Felskulisse besteht nur aus Mittlerem Buntsandstein. Im Firstbereich der großen bildmittigen Brandungsnische verläuft die Grenze zwischen den älteren Volpriehausen- und den jüngeren Dethfurth-Schichten.

erhebliche Landverluste. Neuere Bedeichungen bzw. Deicherhöhungen haben hier nach der letzten Flutkatastrophe (Frühjahr 1962) bisher Schlimmes verhindern können.

Nur in ihren Kerngebieten bestehen die Nordfriesischen Inseln aus den verbliebenen Resten der ursprünglich zusammenhängenden Geest, wie man die einigermaßen verfestigten Geschiebemassen nennt, welche die letzte Eiszeit in diesem Großraum hinterlassen hat. Mehrheitlich gehören die Nordfriesischen Inseln damit zum Typ der kontinentalen Abgliederungs- bzw. Abbauinseln.

Auch die inmitten der nordfriesischen Inselwelt (Nordstrand, Pellworm, Amrum, Föhr und Sylt) gelegenen kleinen bis sehr kleinen Inselkörper, die man in der Region Halligen nennt, vermutlich abgeleitet vom niederdeutschen *hol* = niedrig (vgl. Holland) sind die Reste des ehemaligen Festlandes, das großenteils unterging. Meist liegen diese Inselkörper nur 1–2 m über der Höhe des mittleren Hochwassers. Erst in jüngerer Zeit wurden sie durch Steinkanten oder kleinere Sommerdeiche vor dem ständigen und gelegentlich sehr gierigen Angriff der Nordsee gesichert. Teilweise entstanden ihre heutigen Flächen aber auch erst durch die erneute Anlandung von Schlick und Sand.

In den bunten Strandgeröllen am Nordstrand der Hauptinsel sind alle Schichtglieder des Mittleren Buntsandsteins vertreten.

Sedimentverlagerungen durch die Gezeitenströme ließen stellenweise erneut kleine Festlandgebilde aus besonders feinkörnigem Material (Marschland) aufwachsen. Diese längerfristig betrachtet zugegebenermaßen recht unsicheren Außenposten haben dennoch besonders Wagemutige zur (versuchten) dauerhaften Ansiedlung motiviert: Die Halligwelt im Nordfriesischen Wattenmeer ist somit zu einer weltweit einzigartigen Siedlungs- und Wirtschaftslandschaft geworden. Ihre Wohn- und Wirtschaftsgebäude sowie die sonstigen Bauten (Kirche, Schule, gelegentlich im gleichen Gebäude) stehen allesamt auf aufgeschütteten Hügeln (= Warften) und sind dort auch bei normalen Flutwasserständen zuverlässig geschützt.

Helgoland ist ganz anders

Eine über 60 m über dem Meeresspiegel hoch aufragende Felsinsel inmitten der inneren Deutschen Bucht (hier auch Helgoländer Bucht genannt) ist schon ein überaus bemerkenswertes Phänomen. Zwar gibt es auch an den britischen Nordseeküsten hier und da aus Fels bestehende (küstennahe) Inseln, aber diese haben großenteils eine ganz andere geologische Geschichte und sind gewöhnlich aus dem anstehenden Gesteinsverband der eng benachbarten Küstenabschnitte heraus gelöste Restposten. Helgoland hat dagegen eine ganz eigene und völlig andersartig verlaufene erdgeschichtliche Historie: Der rote Buntsandstein der Hauptinsel und die deutlich jüngeren mesozoischen Gesteine der Nachbar- bzw. Nebeninsel Düne sind gleichsam ein gewaltsam und nur lokal auf einem Areal von wenigen Quadratkilometern Abmessung aufgebeulter Bereich derjenigen Schichtgesteine, die überall die Tiefenbereiche des Bodens im heutigen Nordseebecken aufbauen. Im Bereich der ostfriesischen Inselkette lagern sie beispielsweise rund 3000 m tief unter der heutigen Tagesoberfläche. Somit ist die aufragende Felseninsel Helgoland nicht nur in diesem Meeresgebiet der Nordsee, sondern im Blick auf die sonst tief versenkten Schichtglieder dieser Gesteinsfolgen generell

eine absolute Ausnahmeerscheinung. Helgoland ist zudem die älteste Inselbildung in der Deutschen Bucht.
Die folgenreiche Aufbeulung zum heutigen Helgoland muss daher besondere Ursachen haben. Unter dem Meeresgebiet von Helgoland liegt in der Tiefe ein ausgedehntes Salzsteinlager aus der Zeit des Oberen Zechsteins (jüngstes Glied des Perms aus dem Ende des Erdaltertums), entstanden vor etwa 225 Mio. Jahren, als das den heutigen norddeutschen Raum überdeckende Zechstein-Meer unter dem Einfluss eines trocken-heißen Klimas in älter vorgezeichneten Becken zu Evaporiten eintrocknete und bis zu 500 m mächtige Salzlager aus Salzstein und Anhydrit entstehen ließ. Immerhin ist zu bedenken, dass das heutige Gebiet der südlichen Nordsee zur Absatzzeit der Zechstein-Schichten noch relativ äquatornah lag (vgl. Textkasten).

Riesen-Puzzle Erdkruste

Vor knapp 110 Jahren, genau am 6. Januar 1912, schockierte der Marburger Astronom und Meteorologe Alfred Wegener (1880 – 1930) auf der Jahreshauptversammlung der Geologischen Vereinigung im Vortragssaal des Frankfurter Senckenberg Museums die anwesenden Geowissenschaftler mit einer neuen, ja geradezu revolutionären Theorie. Wegener, in geowissenschaftlichen Kreisen eher ein Außenseiter und völlig unbekannt, aber ein durchaus eigensinniger und erwiesenermaßen äußerst abenteuerlustiger Forscher, entwarf in seinem Gastvortrag „Neue Ideen über die Herausbildung der Großformen der Erdrinde" ein gänzlich neues Bild von der Entwicklung der Erde: Statt einer absolut starren Erdkruste, die ihre kennzeichnende Oberflächengestalt mit den in Atlanten genauestens verzeichneten Festlandkonturen nach damaliger Einschätzung durch allmähliche Schrumpfungsprozesse erhalten haben sollte, ging er von einer langfristig dynamisch bewegten Welt aus, deren Kontinente und Inseln in erdgeschichtlich langen Zeiträumen ihre Relativpositionen zueinander erheblich verändert haben. Wegener schickte damit die Kontinente gleichsam auf Wanderschaft (Kontinentaldrift). Für ihn war die in Atlanten und auf Globen verzeichnete Verteilung der Kontinente lediglich eine Momentaufnahme. In früheren Zeiten soll sich das Bild der Erde konsequenterweise völlig anders dargestellt haben.
Noch im gleichen Jahr 1912 veröffentlichte er seine geradezu revolutionären Überlegungen in drei Zeitschriftenartikeln. Drei Jahre später (1915) legte er seine neue Theorie unter dem Titel „Die Entstehung der Kontinente und Ozeane" auch in Buchform vor. Endete schon sein Vortrag in Frankfurt

in einem Desaster, weil ihn die wenig begeisterte anwesende Zuhörerschaft schlicht auslachte, ließ auch die zum Teil heftige Kritik selbst bis zur vierten und letzten Auflage seines Buches (1929) nicht nach. Die wissenschaftliche Anerkennung seiner Vorstellungen reifte tatsächlich erst knapp 40 Jahre später heran und hat schließlich in den modernen Konzepten der Plattentektonik eine glänzende Bestätigung erfahren. Wegener hat sie bedauerlicherweise nicht mehr erleben können. Er kam kurz nach seinem 50. Geburtstag in Grönland um.

Die Zechstein-Basis wurde nachfolgend, aber immer noch unter tropischen Bedingungen, von relativ mächtigen jüngeren Sedimentschichten überdeckt. Geophysikalische Erkundungen und vor allem für die Erdölsuche unter der Nordsee durchgeführte Tiefbohrungen haben ein recht genaues Bild von der Verbreitung und Ausdehnung solcher Salzlager bzw. Salzhorste geliefert. Eines dieser permzeitlichen (vor ca. 300 – 250 Mio. Jahren) Salzlager von ungefähr Z-förmig geschwungener Kontur befindet sich unter dem Gebiet des heutigen Helgolands. Nach Nordwesten setzt es sich bei etwa 15 km Breite noch etwa 30 km fort, nach Süden beträgt seine Ausdehnung bei nur noch etwa 5 km Breite ungefähr 40 km. Westlich von Helgoland befinden sich im tieferen Untergrund einige weitere Salzlager, die zum Teil bis in die tiefere Basis von Ostfriesland reichen. Weitreichende Salzhorste finden sich auch im östlichen Niedersachsen sowie in Schleswig-Holstein.
Ältere Darstellungen zur Geologie des Helgoländer Untergrundes gehen von einem klassisch entwickelten kuppelförmigen Salzdom (= Diapir) aus. Definitorisch müsste eine solche Struktur aber die jüngeren Deckgebirge durchstoßen haben, was im Helgoländer Umfeld definitiv nicht der Fall ist. Stattdessen spricht man – auch auf der Grundlage jüngerer Untersuchungen – lieber von einem Salzkissen. Auch dessen Salzschichten verhalten sich bei genügender Auflast durch jüngere Deckschichten wie plastische Fließmassen und leiten den gewaltigen Druck vor allem im Bereich von Schwächezonen nach oben ab. Da auch das südliche Nordseebecken in seinen Bodenbereichen keineswegs ein völlig homogenes Gesteinsfundament darstellt, sondern zahlreiche Störungen und Verwerfungslinien aufweist, war es also eine konsequente Entwicklung, dass der Untergrund im Bereich einer offenbar besonders ausgeprägten Schwächezone nachgab und durch beträchtlichen Schub von unten schließlich aufgewölbt wurde. Fachleute sprechen in diesem Zusammenhang gerne von Halo- bzw. Salinartektonik, aber deutlich griffiger bzw. salopper könnte man mit der Bezeichnung Helgoländer Nordseebodenbeule diskutieren. Eine schon 1937/38 niedergebrachte Bohrung – die Position des Bohrloches ist auf dem Oberland nahe dem Jägerstieg (am Ende des Nord-

ostgeländes), wenngleich nicht besonders markiert, immer noch auszumachen – hat den Buntsandsteinkomplex vollständig untersucht (durchteuft). Die erfolgreiche Bohrung verließ bei 720 m das rote Sandsteinpaket und stand bei 3010 m Teufe immer noch im offenbar recht mächtigen Zechstein-Salzlager. Vergleichbar ausgedehnte permische Salzvorkommen stehen in der Tiefe auch in weiten Teilen des heute festländischen Norddeutschlands an und werden dort lokal durch untertägigen Bergbau ausgebeutet. Für die übrige Küstentektonik oder die aktuelle Landschaftsmorphologie blieben sie indessen folgenlos. Helgoland ist also auch in dieser Hinsicht eine absolute Ausnahmeerscheinung – nämlich ein so wirklich einzigartiger Aufschluss aus der Zeit des Erdmittelalters (Mesozoikums) mit Schichtgesteinen vom Buntsandstein bis zur Kreide. Aus diesem Grund ist Helgoland seit 2004 zu Recht ein Nationaler Geotop.

Die Helgoländer Nordseeboden-Aufbeulung ist nach geologischen Maßstäben wohl noch recht jung. Sie datiert erst in das mittlere bis späte Tertiär, genauer in dessen vor ca. 20 Mio. Jahre einsetzenden Unterformation Miozän. Man darf aber sicher davon ausgehen, dass die Aufwölbung durch die

Beispiel einer kleinräumigen Verwerfung (Schichtstörung) im Mittleren Buntsandstein

druckbelasteten Fließbewegungen der unterlagernden Salzstruktur keine dynamische Aktion weniger Jahrhunderte oder gar Jahrtausende war, sondern deutlich längere Zeiträume in Anspruch nahm. Zeitlich genauer aufgelöste Details dazu sind jedoch bisher leider nicht bekannt und wohl auch nicht zu erwarten. Die im Miozän einsetzenden und sicherlich längere Zeit wirksamen Umgestaltungen stehen aber gewiss im Zusammenhang mit Abläufen, bei denen überall in Mitteleuropa aus verschiedenen Gründen erhebliche Bewegung in die Erdkruste kam und infolge von Plattenkollision auch die Alpen aufgefaltet wurden. In diesen Zeitabschnitt fällt auch eine bis heute in der Mittelgebirgslandschaft durch mehrere hundert Ausbruchspunkte dokumentierte Welle von großräumigem Intraplatten-Vulkanismus.

Aufgerissene Beule

Der in der Fachsprache auch so bezeichnete Helgoländer Schild, ein Gebiet von immerhin etwa 9 × 5 km Abmessung, ist nicht nur eine simple, aus der Tiefe durch Halotektonik (Bewegung von Salzgestein) zum Aufstieg gezwungene, gleichsam gewaltsam aufgedrungene und um mehr als 1000 m an die heutige Oberfläche gehobene Aufwölbung. Sie ist auch kein unversehrtes Schichtpaket geblieben, denn der vom Zechstein-Salzkissen ausgehende gewaltige Druck aus der Tiefe wölbte die hangenden Gesteine so sehr auf, dass sie im Firstbereich der Wölbung schließlich aufrissen und dabei in mehrere Portionen zergliedert wurden. Ältere geologische Darstellungen gehen von nur zwei unterschiedlich stark versteilten Teilflügeln dieser Aufwölbung aus. Neuere Forschungsergebnisse sprechen dagegen für ein weitaus komplexeres Muster. Danach ist der südwestliche Flügel der Aufwölbung in mehrere gegeneinander versetzte Staffelbrüche zerlegt worden. Auch ereignete sich im Firstbereich zwischen dem kleineren südwestlichen Flügel und seinem deutlich größeren nordöstlichen Pendant ein breiter Grabenbruch – an keiner Stelle stehen damit die hier früher vermuteten zechsteinzeitlichen Salzschichten direkt auf dem Nordseeboden an. Für den heutigen Erlebniswert der imposanten Felseninsel ist jedoch nur der nordöstliche Flügel der tertiärzeitlichen Aufwölbung relevant – alle Schichtanteile des südwestlichen Flügels liegen unter der Wasserbedeckung der Nordsee und tauchen auch bei sehr ungewöhnlichen Tidenständen nicht auf. Ein vereinfachtes Profilbild der Helgoländer Schichtenfolge zeigt das beigefügte Schema (Abb. S. 27). Ein eindrucksvolles Blockmodell des gesamten Helgoländer Felssockels samt Insel ist im Museum Helgoland (Nordseehalle) zu bewundern.

Die wohl großenteils im Miozän erfolgte Aufwölbung zeitigte noch weitere Effekte: Einerseits wurden dabei die im Hangenden der Zechstein-Salzlager

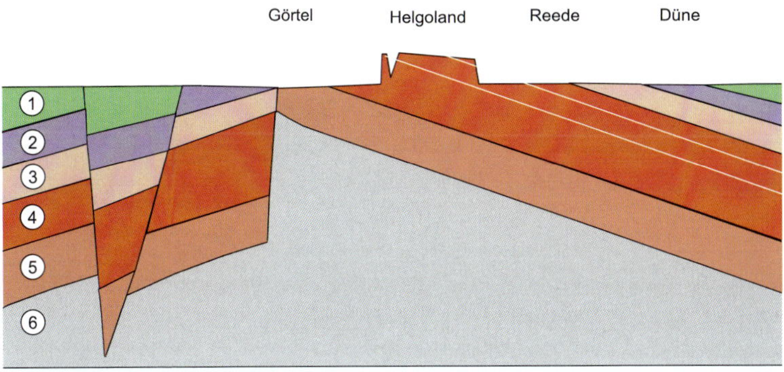

Vereinfachtes geologisches Profil durch den Helgoländer Felssockel (Interpretation als Bruchschollensystem nach neueren Ergebnissen): 1 Kreide (Unterkreide: Valangin bis Alb; Oberkreide: Campan bis Maastricht), 2 Muschelkalk (Unterer, Mittlerer und Oberer Muschelkalk), 3 Oberer Buntsandstein, 4 Mittlerer Buntsandstein (von unten nach oben Detfurth-, Volpriehausen-, Hardegsen- und Solling-Folge), 5 Unterer Buntsandstein, 6 Zechstein-Salzstock

vorhandenen jüngeren Deckschichten um viele Meter gedehnt – in der Längsachse um etwa 1,3% und in der Querrichtung dazu gar um 2,6%. Die Folge sind zahlreiche kleintektonische Erscheinungen wie Verwerfungen im Schichtverband sowie ausgedehnterer, das gesamte Schichtpaket senkrecht durchziehender Bruchlinien.

Der zweite Effekt betrifft die horizontale Verbiegung der Gesteinsschichten: Schon die Schichtverbände der roten Hauptinsel streichen in sanften parallelen Bögen von SSE nach NNW. Deutlich ausgeprägter sind diese Änderungen in der Streichrichtung in den Klippenzügen, auf denen die Nebeninsel Düne fußt. Man kann sie auf Luftaufnahmen bei außergewöhnlichen Niedrigwasserständen klar erkennen. Ihre Ausdehnung in nordwestlicher Richtung zeigen außerdem die bei Sturmwetterlagen heftig schäumenden Wellenkämme an.

Der weite Weg zur Insel

Helgolands Entwicklung zur Insel begann im Grunde genommen erst in jüngerer erdgeschichtlicher Vergangenheit. Nach dem Abschmelzen der letzten Gletscher (der saalezeitlichen Vereisung) vor rund 12000 Jahren lag die Küstenlinie der damaligen Nordsee noch erheblich weiter im Norden – die Themse war zu dieser Zeit gar ein linker Nebenfluss des Rheins, und das heutige Großbritannien hätte man tatsächlich fußläufig über den so noch nicht bestehenden Ärmelkanal erreichen können. Erst langsam und schubweise vollzog

Fossile Wellenfurchen (Rippelmarken) zeigen an, dass der Buntsandstein unter zeitweilig flacher Wasserbedeckung abgesetzt wurde.

sich infolge des weltweit erfolgenden nacheiszeitlichen Meeresspiegelanstiegs die Transgression der damaligen Nordsee in ihr heutiges Becken. Noch vor rund 4500 Jahren war Helgoland mit dem heutigen Schleswig-Holstein landfest verbunden, wie die 15-m-Tiefenlinie klar erkennen lässt (vgl. Abb. S. 31). Dieses Halbinselstadium war aber schon ziemlich bald durchlaufen – schon im Bereich der heutigen 13-m-Tiefenlinie hatte sich die Ablösung vom benachbarten landfesten Gebiet vollzogen. Die aktuelle 12-m-Tiefenlinie, welche die Küstenliniensituation vor etwa 3500 Jahren nachzeichnet, markiert das Gebiet um Helgoland erstmals als Inselkomplex. Innerhalb von nur einem Jahrtausend hat sich hier demnach ein gewaltiger Wandel vollzogen. Spätestens vor rund 1000 Jahren hatte der Inselkomplex Helgoland ungefähr seine heutige Gestalt angenommen.
Seit dem Vordringen der Nordsee und ihren unausgesetzt wirksamen erosiven Angriffen auf die ehemalige Schichtstufenlandschaft von Helgoland ist der Inselkomplex sozusagen auf dem Rückzug, und allzu viel ist bislang nicht von ihm verblieben. Selbst vermeintlich Felsenfestes kann den ständigen Attacken von Wasser, Wind und Wellen auf Dauer eben nicht standhalten. Die Konturen des ursprünglichen Aufwölbungsschildes zeichnen sich – insbesondere bei sehr niedrigen Tidenwasserständen – immer noch deutlich ab.

Besonders eindrucksvoll führt die breite, um etwa 1 km nach W vorgreifende und bis zum Görtel reichende Brandungsterrasse oder Schorre das enorme Erosionspotenzial der unablässig agierenden Brandung allzu deutlich vor Augen. Bei extremen Niedrigwassern wird ihre Ausdehnung eindrucksvoll sichtbar. Aber auch sonst ist ihre Außenkante visuell gut lokalisierbar, denn bei einem etwas kräftigeren Seegang brechen sich hier mit deutlichen Schaumkronen die aus (nord)westlicher Richtung anrollenden Wellenzüge.

Die Helgoländer Schichtenfolge

Der ungefähr 380 m mächtige Untere Buntsandstein (su), der direkt über dem Zechstein-Salzkissen folgt, steht nirgendwo am rund 18 km^2 großen Felssockel direkt beobachtbar an, sondern ist in seinen Schichtfolgen (Nordhausen- sowie Bemburg-Folge) nur aus der oben erwähnten bislang einzigen Helgoländer Tiefbohrung bekannt. Fossilien wurden darin nicht gefunden.

Das aktuelle Erscheinungsbild der aufragenden Felseninsel mit ihrer markanten Westklippe bestimmt also ausschließlich der Mittlere Buntsandstein, in geologischen Karten und Tabellenwerken mit der Notierung sm vermerkt. Mit der Unteren Trias, die vor ca. 225 Mio. Jahren begann, setzte das in der Geologie so bezeichnete Erdmittelalter (Mesozoikum) ein – es löste das mit dem Oberen Perm endende Erdaltertum (Paläozoikum) ab. Die ältesten triassischen Gesteinsfolgen bestehen aus dem kräftig rötlichen Buntsandstein, dessen intensive Färbung auf den hohen Gehalt an Eisenoxiden (vor allem Fe_2O_3) zurückgeht. Seine Ablagerungen umfassen einen Zeitraum von nur etwa 6,5 Mio. Jahren. Der Mittlere Buntsandstein (sm) ist der einzige Teil der gesamten Helgoländer Schichtfolge, der über die heutige (durchschnittliche) Wasserlinie aufragt und damit den eindrucksvoll erlebbaren Inselkörper bildet. Die Schichtmächtigkeit von sm beträgt rund 350 m. Vom westlichen Klippenrandweg, über den man auf einer rund 3000 m langen Strecke den gesamten Block aus aufragendem Mittleren Buntsandstein umrunden kann, bieten sich wundervolle Ansichten dieses Gesteinskomplexes. Klar erkennbar ist anhand der deutlichen Durchgliederung der Schichtstöße die Schrägstellung

Vergleichbare Trockenrisse wie auf manchen Schichtflächen im Mittleren Buntsandstein findet man auch heute in eingetrockneten Wegpfützen.

Ära	System	Serie/Stufe			
Erdneuzeit (Neozoikum)	Quartär	Holozän (Gegenwart)			
		Pleistozän (Eiszeitalter)			2,6
	Tertiär	Neogen	Pliozän Miozän	im Raum Helgoland nicht nachgewiesen	
		Paläogen	Oligozän Eozän Paläozän		65
Erdmittelalter (Mesozoikum)	Kreide	Oberkreide	Maastricht Campan Santon Coniac Turon Cenoman		105
		Unterkreide	Valangin Hauterive Barrême Apt Alb		144
	Jura	Schichtlücke			
	Trias	Keuper	Schichtlücke		
		Muschelkalk	Oberer (mo) Mittlerer (mm) Unterer (mu)		240
		Buntsandstein	Oberer (so)	Röt	
			Mittlerer (sm)	Solling Hardegsen Dethfurth (sm_2)	
				Volpriehausen (sm_1)	
			Unterer (su)		251
Erdaltertum (Paläozoikum)	Perm	Zechstein	für Helgoland nur durch Bohrung bekannt		258
		Rotliegendes	für Helgoland nicht erschlossen		296

Vereinfachte stratigraphische Übersicht zur Schichtenfolge im Helgoländer Felssockel. Die Zahlenangaben in den weißen Kästchen benennen den ungefähren Beginn der jeweiligen Formation. Daten aus Rothe (2000).

der Buntsandsteinschichten – sie zeigen sich vielfach durchsetzt von helleren und feinkörnig-schluffigen Sandsteinen bzw. Tonmergeln. Vor allem daran ist die auffällige Schichtneigung zu erkennen: Sie fallen mit etwa 16–20° nach NE und SW ein – ein klarer Hinweis auf die oben erwähnte miozäne Aufbeulung des mesozoischen Untergrundes, welche die Schrägstellung verursacht hat.

Bei der genaueren Betrachtung der Westklippe lassen sich anhand der typischen Gesteinsfärbung zwei unterschiedliche Schichtpakete unterscheiden: In deren unterem Teil sind die relativ verwitterungsfesten Sandsteine eher dunkelbraunrot (bzw. kräftig rostbraun bis ziegelrot) gefärbt. Sie entsprechen der seit 1960 so unterschiedenen Volpriehausen-Folge. Im Bereich des markanten Felsturms „Lange Anna" reichen sie fast bis in dessen Gipfelbereich, sind hier durch die massiven Guano-Auflagerungen durch die Basstölpel-Kolonie zeitweilig nicht erkennbar. Über einem breiteren trennenden Band aus helleren Sandsteinen schließt sich eine Folge eher violettroter und weicherer Schichtlagen an, die als Detfurth-Folgen ausgegliedert werden. Sie ist insgesamt deutlich vielgliedriger als die Volpriehausen-Folge, was auf unterschiedliche Sedimentationsverhältnisse zurückzuführen ist. Beide Bezeichnungen wurden nach kennzeichnenden Typlokalitäten im Solling gewählt, einem kleinen Mittelgebirgsteil östlich von Göttingen. Zur kompletten Abfolge im Mittleren Bundsandstein gehören im Hangenden noch einige allerdings nur geringmächtig vertretene Schichtglieder der Hardegsen- bzw. Solling-Folge, die man jedoch nur an der NE-Klippe (etwa im Bereich von Petersens Hörn etwas rechts oberhalb vom Helgoländer Fußballplatz) ausmachen kann.

Das hoch aufragende Helgoländer Buntsandsteinkliff erfährt erosionsbedingt immer wieder beträchtliche Materialabgänge, die in geologischer Hinsicht buchstäblich aufschlussreiche Einblicke in die seinerzeitigen Sedimentationsbedingungen erlauben. Besonders eindrucksvoll sind die offenbar nur lagenweise vorhandenen Schichtflächen mit fossilen Rippelmarken (= Wellenfurchen), die auf eine zumindest zeitweilige Wasserbedeckung zur Zeit der Sandsteinablagerungen im sm hinweisen: Solche eigenartigen Strukturen entwickeln sich immer nur im Flachwasser und ausschließlich dann, wenn sich zwei Medien unterschiedlicher Dichte relativ zueinander bewegen. Die recht komplizierte Physik der Rippelentstehung hat erstmals die geniale britische Elektroingenieurin, Mathematikerin und Erfinderin Hertha Ayrton (geboren als Phoebe Sarah Marks, 1854 – 1923) vor über 100 Jahren an der englischen Südküste experimentell erforscht. Auf Helgoland kann man rezente Rippelmarken und ihre komplexen Muster vor allem zu den Niedrigwasserzeiten am Südstrand der Düne antreffen.

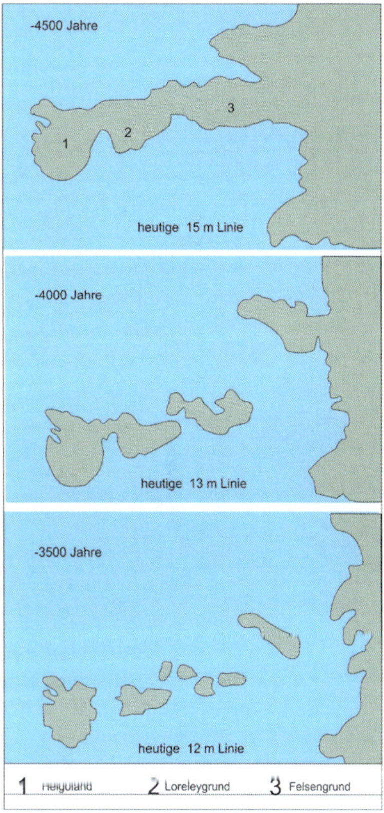

Helgolands Weg vom Festlandvorsprung zur abgelösten Insel lässt sich anhand der heutigen Tiefenlinien rekonstruieren – sie spiegeln den nacheiszeitlichen Meeresspiegelanstieg wider.

Andererseits weisen die Schichtflächen in den zugänglichen Buntsandsteinfragmenten fallweise auch eigenartige polygonale Muster auf: Es sind dies viele Millionen Jahre alte Trockenrisse, wie sie auch heute in den eingetrockneten lehmigen Wegpfützen von Flurwegen zu beobachten sind.

Deutlich ist im Schichtprofil der Westklippe der Wechsel von den eher ziegelroten Lagen der Volpriehausen-Folge zu den helleren Schichtgliedern der Detfurth-Folge zu erkennen.

Der Mittlere Buntsandstein ist ziemlich fossilarm. Umso sensationeller stellen sich zwei besondere Funde aus der Volpriehausen-Folge dar: Im Jahre 1910 entdeckte der Geologe W. Wolf an der Südwestklippe einen 51,5 cm langen und wunderbar erhaltenen Schädel eines Riesenlurchs, der als Parotosaurus helgolandiae beschrieben wurde. Es gehört heute zu den besonderen Schätzen des Naturkundemuseums Berlin in der Invalidenstraße. Das zugehörige restliche Tier könnte, nach vergleichbaren Funden aus Thüringen zu urteilen, eine Länge von 2,5 m besessen haben. Ein weiteres bemerkenswertes, um 1970 gefundenes und nur etwa 2 cm langes Fossil aus der Volpriehausen-Folge gab zunächst Rätsel auf, bis man es schließlich als linken Gaumenzahn eines Lungenfisches (Ceratodus sp.) identifizieren konnte. Es weist klar darauf hin, dass zur Absatzzeit der Buntsandsteinschichten allenfalls eine nur zeitweilige Wasserbedeckung vorhanden war, wie man sie auch von den rezenten Lungenfisch-Vorkommen in Australien kennt. Dieses bislang ebenfalls einzigartige Fundstück ist in der unbedingt sehenswerten, von H. H. Stühmer zusammengetragenen Fossiliensammlung des Helgoland-Museums zu bewundern.

Auf den Mittleren Buntsandstein folgt im Hangenden die mit etwa 280 m Schichtmächtigkeit ausgebildete Folge von Oberem Buntsandstein (so), die im Inselbereich allerdings nur untermeerisch nachweisbar und an der Tagesoberfläche nicht sichtbar ist. Sie steht am Meeresboden in der ungefähr 800 m breiten Rinne zwischen der Hauptinsel und der Düne an und bildet damit für die Seebäderschiffe den Ankeruntergrund der Helgoländer Reede. Die gesamte Buntsandsteinfolge (su bis so) beträgt im Helgoländer Felssockel insgesamt etwa 1000 m. Feinstratigraphisch lassen sich die einzelnen

Schichtglieder sehr gut und widerspruchsfrei mit den Befunden von anderen Profilen in Niedersachsen parallelisieren, wobei sie an anderen Aufschlusspunkten deutlich geringmächtiger ausgebildet sind.
Aus mancherlei nachvollziehbaren (Sicherheits-)Gründen sind die aufragenden Buntsandsteinklippen nicht direkt und unmittelbar in Augenschein zu nehmen, aber im stollenartigen Zugang zum Fahrstuhl ist in der Betonarmierung ein Sichtfenster freigelassen worden, in dem man einen kleinen Ausschnitt aus dem Mittleren Buntsandstein sogar anfassen kann.

Markanter Farbwechsel

Während man am Strandabschnitt zwischen Jugendherberge und Jägerstieg überall mengenweise herumliegende Fragmente von Mittlerem Buntsandstein jeglicher Abmessungen antrifft, fallen beim Besuch der benachbarten Düneninsel die hier auf den Strand geworfenen Bruchstücke schon allein wegen ihrer gänzlich andersartigen, nämlich überwiegend hellgrauen Farbstellung auf. Sie gehören der Mittleren Trias an – ihr Sedimentationsbeginn wird bei 220 Mio. Jahren angesetzt. Die zugehörigen hellen Schichten werden der Formation Muschelkalk zugeordnet, umfassen eine Gesamtmächtigkeit von mehr als 200 m und gehören damit zu den mächtigsten in Mitteleuropa. Unmittelbar auf den Oberen Buntsandstein folgen die Schichtanteile des Unteren Muschelkalks (mu) mit seinen Kalk- und Dolomitlagen – sie bauen den schmalen, bogig verlaufenden Klippenrücken auf, der die Basis der Dünen-Westmole trägt. Im NW reicht er bis zum Witt Kliff Brunn, Robbenbrunn und Sellebrunn – traditionelle Helgoländer Seeflurbezeichnungen, die so nur in der amtlichen Seekarte eingetragen sind. Daran schließt sich die Schichtfolge des Mittleren Muschelkalks (mm) an, auf dem das bereits 1711 verschwundene Witte Kliff fußte. Die in der Helgoländer Seekarte mit der Eintragung Skitt Gatt verzeichnete, östlich anschließende Meerenge führt nur einige schwach entwickelte Schichtanteile aus dem Oberen Muschelkalk (mo), die allerdings gegen den Mittleren Muschelkalk nach neueren Untersuchungen nur schlecht abgrenzbar sind. Alle Schichtglieder des Muschelkalks tauchen auch bei ungewöhnlichen Niedrigwasserständen nicht auf – ihre Schichtfolge kennt man im Wesentlichen nur aus gezielten Tauchuntersuchungen, weil eine gezielte Tiefbohrung an dieser Stelle bislang fehlt. Zudem sind sie häufig unter jüngeren Lockersedimenten verborgen. Hervorhebenswert ist aber ihr lagenweise interessanter Fossilinhalt – geborgen wurden unter anderem Fische (auch Fischzähnchen) und Meeresreptilien, letztere nachgewiesen mit diversen Rippen und Extremitätenknochen. Sie sind mit wunderschönen Exemplaren in der Sammlung des Helgoland-Museums vertreten.

Auf die obersten Muschelkalkschichten (mo) folgen unmittelbar die Ablagerungen der Unteren Kreide (kru). Normalerweise würde man in der üblichen Schichttradition oberhalb des Muschelkalks das oberste Glied der Trias erwarten, nämlich eine Abfolge von Keuper-Ablagerungen. Diese fehlen aber im Helgoländer Felssockel komplett, ebenso wie die Jura-Schichten, die sich hier eigentlich anschließen sollten. Mithin klafft im Gesteinsprofil des Inselraumes eine beachtliche Schichtlücke von rund 75 Mio. Jahren. Diesen merkwürdigen Befund – die Geologen sprechen in diesem Zusammenhang von Schichtdiskordanz – kann man vermutlich nur so erklären, dass die Region in den betreffenden Zeiträumen entweder Landfläche ohne nennenswerte Sedimentation war oder dass die Erosion die hier abgesetzten und eventuell nur geringmächtigen Gesteine wieder hinweggerafft hat. Im tieferen Nordseeuntergrund weit westlich von Helgoland sind Keuper- und Juraschichten allerdings bei neueren Erkundungen nachgewiesen worden.
Die mit nur etwa 45 m relativ geringmächtigen Schichtfolgen der Unterkreide (kru), die aber dennoch alle Untereinheiten vom Valangin bis zum Alb umfassen (vgl. Abb. S. 30), sind zwar durch neuere Tauchuntersuchungen auch in ihrem Fossilinhalt recht gut bekannt, fallen aber unter den Strandgeröllen der Düne nur wenig auf. Viel auffälliger sind dagegen die rund 250 m mächtigen Folgen der Oberkreide (kro), die den gesamten Ostflügel der Düne bilden und auch in den anschließenden Klippenbögen vertreten sind. Hier finden sich – trenn- und unterscheidbar nur anhand der typischen Leitfossilien – alle für die Oberkreide beschriebenen Schichtglieder vom Cenoman bis zum Maastricht; Benennungen, die wie bei der Unterkreide-Schichtfolge überwiegend nach Typlokalitäten in Südfrankreich (Provence) gewählt wurden. Für den geointeressierten Dünenbesucher zeigen sie sich vor allem in Gestalt reichlich umherliegender Fragmente aus weißer Schreibkreide, in die auffälligerweise rezente Bohrmuscheln oft mehr als fingerdicke Bohrgänge eingetieft haben. Der gängige Begriff „Schreibkreide" ist allerdings völlig irreführend: Zu keinem Zeitpunkt hat man dieses vergleichsweise harte Material zum Beschreiben von Schultafeln verwendet. Diese wären durch die Benutzung solcher Gesteinsfragmente in kurzer Zeit völlig und unwiderruflich ruiniert gewesen. Schultafeltaugliche Schreibkreide besteht üblicherweise aus dem viel weicheren Gips (Calciumsulfat).
Die Oberkreide führt sehr reichlich Fossilien und folglich bieten sich nach Sturmtagen vor allem am Nordstrand der Düne gezielte Sammelexkursionen an. Mit etwas Glück findet man hier (manchmal allerdings in der Dünung schon stark abgerollte) Stücke von Belemniten sowie – eventuell noch im Gesteinsverband steckende – fossile Seeigel. Man muss allerdings früh auf der Düne sein, denn die Zahl der Fossilienfreunde ist erfahrungsgemäß groß.

Aus dem Mittleren Buntsandstein wurde 1910 dieser rund 50 cm lange Schädel eines Riesenlurches geborgen. Aus Stühmer et al. (1982), mit freundlicher Erlaubnis.

Am Strand liegen nicht selten bildschöne Fundstücke herum, die nach Stürmen angelandet werden: Mittlerer Buntsandstein (Volpriehausen-Folge) mit rezenten Wohngehäusen des Dreikantwurmes (*Pomatoceros triqueter*).

Die zahlreichen bemerkenswerten Fossilien, vor allem aus dem Muschelkalk und den direkt darüber folgenden Kreideschichten, haben Stühmer et al. (1982, 1986) in zwei bemerkenswerten Monographien vorgestellt. Viele der darin dargestellten spektakulären Stücke sind heute in der Ausstellung des Helgoland-Museums zu bewundern.

Mengenweise finden sich vor allem im östlichen Teil der Düne (wie auch an den Küsten der westlichen und südlichen Ostsee) größere und kleinere, oft seltsam geformte Knollen aus Feuerstein (= Flint) – ein allgemein bekanntes, weil einfach zu erkennendes Gestein. Feuerstein ist auch auf Helgoland an die Obere Kreide gebunden und demnach etwa 60–70 Mio. Jahre alt. Was den Strandspaziergänger daran besonders fasziniert, ist der beachtliche Formenreichtum ebenso wie die auffällige Farbstellung: Jeder einzelne Flint hat seine individuelle, hübsch gerundete bis bizarre Form, wie man sie so von anderen Gesteinen nicht kennt – es gibt somit keine zwei identischen Stücke. Zumeist kontrastiert auch eine millimeterdünne grellweiße Rinde mit dem oft tiefschwarzen, mitunter auch braungrauen Steinkern. Daneben gibt es auch gelbbraune sowie selten grünlich berindete Stücke. Bei den weiß berindeten Stücken könnte man annehmen, dass ihre Verpackung von der Einbettung im hellen Kreidekalk herrührt. Tatsächlich handelt es sich dabei um weißen Opal, ein besonderes Mineral aus der Silikatgruppe. Eine besondere Rarität sind die auf den Bruchflächen fleischroten Exemplare. Man nennt sie Carneol. Auf Helgoland – und nur hier findet man sie – werden sie, zu hübschen Schmuckstücken verarbeitet, bei den Inseljuwelieren angeboten.

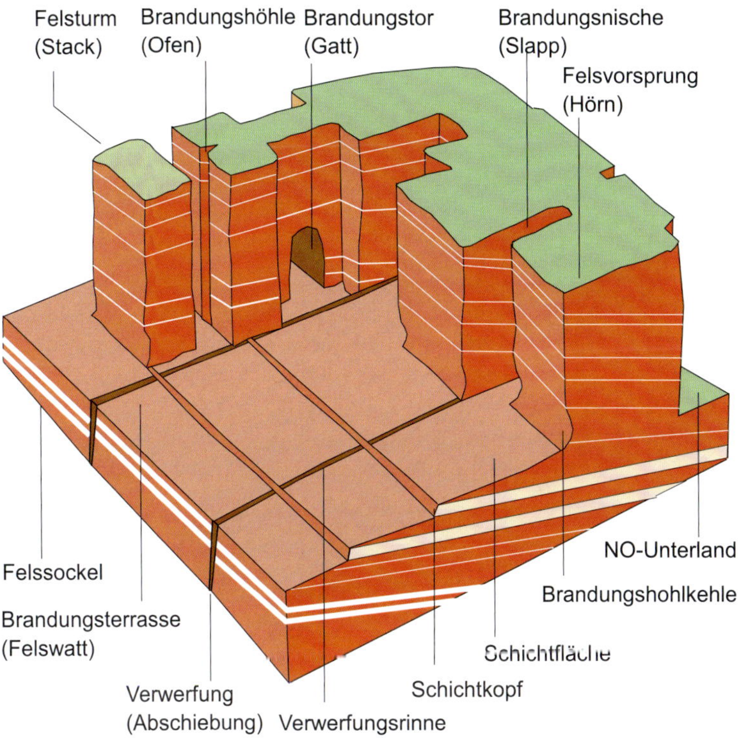

Der Helgoländer Buntsandstein zeigt alle typischen Verwitterungsformen eines relativ weichen und erosiv anfälligen Schichtverbandes (verändert nach Wurster 1962).

Feuerstein ist extrem hart. Man kann damit ohne Weiteres Glas oder Metall ritzen. Er bricht beim Zerschlagen muschelig in dünne Scherben und bildet messerscharfe Kanten. Diese besonderen Materialeigenschaften waren bei unseren steinzeitlichen Vorfahren hochgeschätzt. Sie fertigten aus Feuerstein durch geschicktes Zurichten (Retuschieren) der Profile beispielsweise Pfeilspitzen mit exaktem Lorbeerblattumriss für die Jagd sowie Schneidegeräte zum Zerteilen der Jagdbeute. Als Rohmaterial waren Feuersteine schon in der Steinzeit ein wichtiges Exportgut in Gegenden, wo dieses Gestein von Natur aus nicht vorkommt. Später entdeckte man, dass beim Aneinanderschlagen von zwei „Feuer"steinen oder von Feuerstein und Metall die Funken fliegen (Vorsicht: nur mit Augenschutz versuchen!). Auf dieser Basis konstruierte man die ersten Feuerzeuge oder auch Gewehrschlösser für die „Flinte", mit denen man die eingefüllte Pulverladung zündete.

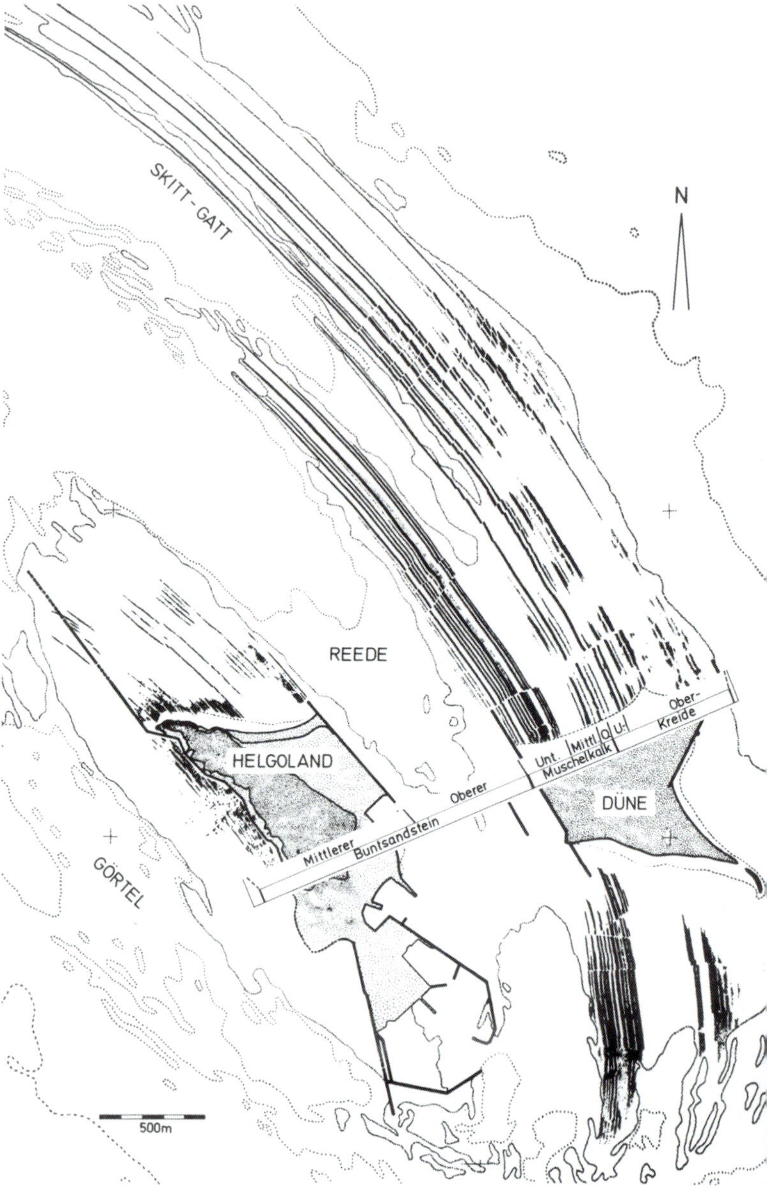

Wie auf einem Luftbild zeichnet diese Darstellung den Klippenverlauf des Helgoländer Felssockels nach. Aus Stühmer et al. (1982), mit freundlicher Erlaubnis.

Die Entstehung des Feuersteins erklärt man sich heute so: Im Kalkschlamm am Boden des kreidezeitlichen Meeres sammelten sich mengenweise auch die aus Siliciumdioxid (SiO_2) bestehenden, mikroskopisch kleinen Gehäuse von Radiolarien (Strahlentierchen) und Diatomeen (Kieselalgen) sowie die Silikatnadeln von Kieselschwämmen an. Unter dem wachsenden Druck der stetig neu aufgelagerten Schlammschichten löste sich die Kieselsubstanz langsam auf, drang mit dem Porenwasser in tiefere Bodenpartien und wurde hier in kleineren oder größeren Hohlräumen wieder ausgefällt. Lagenweise wuchsen also im sich verfestigenden Kreidegestein (und insbesondere in der Schreibkreide) die Flintknollen heran. Mit fortschreitender Erosion der Kreidekliffs werden die Knollen sukzessive aus dem Gesteinverband gelöst und liegen dann überall als Lockermaterial umher. Je nach Brandungsaktivität am betreffenden Küstenabschnitt verrollen sie relativ schnell zu kugeligen Gebilden. Das charakteristische Klackern schon weitgehend zerkleinerter und rundlich zugeformter Feuersteine in den Brandungswellen ist vor allem am Oststrand der Düne ein vertrautes Geräusch, aber trotz seiner relativen Lautstärke viel sympathischer als ein knatterndes Moped.

Seltsame Belemniten

Zwei artenreiche Kopffußergruppen (Cephalopoden), die Ammoniten (Ammonshörner) und die Belemniten (volkstümlich oft als „Donnerkeile" bezeichnet), traten ungefähr gleichzeitig vom Unterdevon bis zur Kreidezeit vor ca. 358–65 Mio. Jahren auf. Die Ammoniten finden sich heute im Gestein in Form ihrer prächtigen, schneckenartig in einer Ebene aufgewundenen Schalen. Auch aus den Helgoländer Schichtgesteinen sind wunderbar erhaltene Exemplare geborgen worden (➛ Helgoland-Museum). Von den Belemniten bleibt dagegen als Fossil meist nur das harte Rostrum übrig, eben die Fortsetzung ihres Schulps, den Sammler nach einer früheren naiven Deutung einfach als Donnerkeil bezeichneten. Vollständige Funde, bei denen auch die Weichteile konserviert wurden, sind bis heute extrem selten. Lange Zeit war deshalb unklar, zu welchem Tier eigentlich die seltsamen Donnerkeile gehörten.

Die Belemniten ähnelten im Aussehen den heutigen Kalmaren, hatten 10 Fangarme und einen Tintenbeutel. Im Erdmittelalter waren sie so weit verbreitet, dass man sie heute sogar als Leitfossilien verwendet. Sie lebten in größeren Schwärmen im Küstenbereich der Meere nahe der Wasseroberfläche. Wachstumsschichten, ähnlich den Jahrringen der Bäume, zeigen, dass Belemniten meist etwa vier Jahre alt wurden.

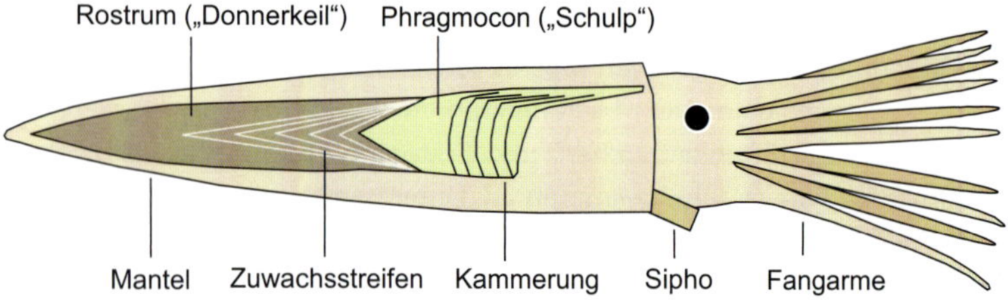

Rekonstruktion eines kreidezeitlichen Belemniten: Die heute auffindbaren Fossilien sind die Steinkerne der Rostren, die Verlängerungen des früheren (und so nicht erhaltungsfähigen) Schulps.

Rekonstruktion eines kreidezeitlichen Belemniten: Die heute auffindbaren Fossilien sind die Steinkerne der Rostren, die Verlängerungen des früheren (und so nicht erhaltungsfähigen) Schulps.

Mit den Schichten der Oberen Kreide endet bei Helgoland die hier sehr eindrucksvoll tradierte mesozoische Schichtfolge. Ablagerungen aus dem anschließenden Tertiär, welches am Beginn der Erdneuzeit (Neo- bzw. Känozoikum) steht, sind im tieferen Untergrund des Nordseebodens im weiteren Umkreis der Insel mit Sicherheit vorhanden, aber sie sind nirgendwo aufgeschlossen und spielen für die besonderen Erlebnisinhalte des Inselraums keine Rolle. Überdies sind sie hier bislang auch nicht genauer dokumentiert. Ein eindrucksvoll dreidimensional gestaltetes und sehr realistisches Inselmodell mit allen geomorphologisch wichtigen Details befindet sich im Museum Helgoland – sozusagen Inselmorphologie zum 3-D-Erleben.

Die heutigen Sandanspülungen vor allem auf den beiden Hauptstränden der Düne, welche die bei den Helgoland-Besuchern so beliebten Badestrände aufbauen, sind sämtlich ein (reichlich unsortiertes) Erbe der Eiszeiten und bestehen großenteils aus glazial zermalmten Festgesteinen aus Skandinavien. Umfangreiche Schmelzwasserflüsse aus den postglazial wegen der zunehmenden Erwärmung zurückweichenden Gletscherfronten haben das feinkörnige Material geradezu massenhaft in das Nordseebecken verlagert, soweit es nicht schon zuvor dorthin in Mengen verlagert wurde. Zusammen mit den vordringenden Eisschilden kamen auch größere Gesteinsfragmente in den heutigen Inselraum von Helgoland. Als „Mini-Findlinge“ sind sie hier und da in den Strandgeröllen zu sehen, darunter beispielsweise dunkler Basalt aus Südschweden, heller Granit aus der Gegend um Stockholm, roter Granit und Granitporphyr von den Åland-Inseln, Diabase aus Mittelschweden sowie Diorite, Quarzite und Gneise aus dem gesamten südlichen Skandinavien – eine faszinierende und erstaunlich vielfältige Kollektion. Für

Im Ostteil der Düne findet ein markanter Schichtwechsel statt: Hier kann man mit diversen Fundstücken kreative Kreidekunst praktizieren.

das sichere Ansprechen solcher weit gereister Gesteinsfunde existiert eine Anzahl empfehlenswerter Bestimmungsbücher (z. B. Reinicke 2010, Rudolph 2008).

Größere Findlinge, unter Fachleuten erratische Blöcke genannt, gibt es auf Helgoland auch: Ein besonders prächtiges, weil tonnenschweres Exemplar steht auf dem Vorplatz der Landungsbrücke vor der Südreede. Es ist mit Fischskulpturen gestaltet und trägt die Inschrift „Wir mahnen im Namen der Nordsee" – ein klarer Appell, die ökologische Belastung der Nordsee nicht noch mehr zu strapazieren. Weitere Findlinge aus dem Inselraum sind am Aufweg zum Oberland im Bereich des Mittellandes aufgestellt. Gewöhnlich handelt es sich auch dabei um Granitblöcke aus Skandinavien.

Der aufmerksame Strandwanderer wird an den Stränden der Düne neben viel biotischem Auswurf der Nordsee (vor allem Tangreste – auch diese sind gewöhnlich interessanter, als man zunächst vermutet) auch dunkelbraune bis schwärzliche Platten von mehr als Handflächengröße finden, die manche Besucher an die unselige Zeit erinnern, als die Großschifffahrt ihr Bilgenöl „preiswert" einfach auf See entsorgte und den Badegästen damit zuverlässig schwarze, mithin total teerverschmierte Füße bescherte. Davon ist das hier in Rede stehende Material glücklicherweise grundverschieden:

Im Muschelkalk finden sich gelegentlich Bauteile von kleinen Sauriern, hier eine Rippe von (vermutlich) *Nothosaurus* sp.

Es sind nämlich angeschwemmte Torffragmente aus einem Moor der Eem-Zeit (vgl. Abb. 52), einem warmen Interglazial (Zwischeneiszeit) zwischen der vorletzten und der letzten Vereisung. Das Gebiet von Helgoland war vor über 125.000 Jahren (schon einmal) eine Insel, auf der sich ein größerer See befand. In dessen Verlandungsbereich fand über einen längeren Zeitraum – vergleichbar den Vorgängen an heutigen Stillgewässern – die Bildung von Niedermoortorfen statt. Auf Helgoland nennt man diese nicht selten angeschwemmten Torfstücke „Töck". Wenn man ein solches Fundstück mit dem Taschenmesser vorsichtig spaltet, finden sich auf den freigelegten Bruchflächen vielfach auch makroskopisch erkennbare Pflanzenreste, vor allem Blattabdrücke.
Gliederung des Quartärs (Eiszeitalter) in Norddeutschland.

Ein besonderer Formenschatz

Bis weit in die historische Zeit war Helgoland eine etwas anders als heute aussehende Doppelinsel: Ihr westlicher Bauteil entspricht der heutigen Doppelinsel aus rotem Buntsandstein, aber im Gebiet der aktuellen Düne gab es tatsächlich einen zweiten und ähnlich hoch aufragenden Inselberg aus den hellen Muschelkalk- und Kreideschichten. Das Oberland dieser östlich vorgelagerten Zweitinsel war ungefähr genauso groß wie das der heutigen Hauptinsel und wurde von den Helgoländern als Weidegrund für ihre Haustiere genutzt.
Der Abbau begann nach Ausweis von Kämmereieinträgen im Jahre 1463. Fortgesetzter intensiver Steinabbau (vor allem für Bauprojekte in Hamburg) hat die helle Inselsubstanz allerdings bis auf wenige Reste vernichtet – im frühen 18. Jahrhundert fielen auch diese einer schweren Sturmflut zum Opfer. In der Neujahrsnacht 1721/22 brach zudem die bis dahin noch bestehende feste Verbindung zwischen den beiden Inselkörpern durch, nachdem die relativ weichen Röt-Schichten des Oberen Buntsandsteins ohnehin auf einen nur

Auf der Düne sind die Strandgerölle ganz anders zusammengesetzt: Muschelkalkfragment mit eingeätzten Wohnröhren des Bohrwurms *Polydora ciliata*.

noch schmalen Wall zusammengeschrumpft waren. Aufschlussreiche Daten und Dokumente bietet die interessante Arbeit von Vahlendieck (1992). Ein ehrgeiziges neueres Investorenprojekt schlägt eine Neubegründung dieser alten Inselverbindung vor, was technisch sicher machbar wäre, aber bislang im inselpolitischen Raum auf wenig Gegenliebe stieß – fast möchte man sagen glücklicherweise: Die Inselbevölkerung lehnte das Projekt mehrheitlich ab.

Bedauerlicherweise gibt es von der hohen, hellgrauen bis weißen Helgoländer Muschelkalk-/Kreideinsel keine überzeugenden zeitgenössischen bildlichen Darstellungen. Man kann sich aber leicht vorstellen, welch beeindruckende Naturkulisse die ehemalige Doppelinsel aus hellem und rotem Fels gewesen sein muss.

Weil von den Muschelkalk- bzw. Kreideklippen nur noch untermeerische Reste verblieben sind, kann man die typischen Erosionsformen meeresexponierter Sedimentgesteine nur noch im Mittleren Buntsandstein beobachten. Im heutigen Inselbild kommt vor allem den West- und den Nordostklippen die zweifellos stärkste insellandschaftliche Wirkung zu. An beiden Klippen entstanden und entstehen jeweils etwas verschiedene Abtragungs- und Verwitterungsmuster. Diese unterschiedlichen Entwicklungen haben ihren Grund

in der spezifischen Schichtneigung der aufragenden Gesteinspakete. Weil die Schichten deutlich nach NE geneigt sind, fallen sie an der Westklippe – wie man es bergmännisch ausdrücken würde – in den Berg ein. Daher sind die von der Brandung in diesem Bereich herausgearbeiteten und jetzt nicht mehr erreichbaren Formen vergleichsweise stabil.
An der Nordostflanke tauchen die Schichten des Mittleren Buntsandsteins entsprechend der allgemeinen Schichtneigung dagegen konsistent zur Seeseite ab: Verwitternde Partien bleiben daher nicht allzu lange im Verbund, sondern kippen bei erstbester Gelegenheit nach Loslösung aus dem Anstehenden einfach seeseitig weg – der große Schuttfächer an der NE-Klippe spricht für sich. Wenn sich Interessierte auf den Weg vom Jägerstieg am Westende des Jugendherbergsstrandes auf den Weg Richtung Lange Anna machen, bewegen sie sich in einem Gebiet mit erhöhtem Gefahrenpotenzial. Hier haben schon auffliegende Großmöwen respektable Materiallawinen ausgelöst. Auf Längsklüften können in diesem Bereich auch sehr große Gesteinpartien abrutschen: Tonnenschwere Abgänge sind vor allem im Frühjahr keine Seltenheit.

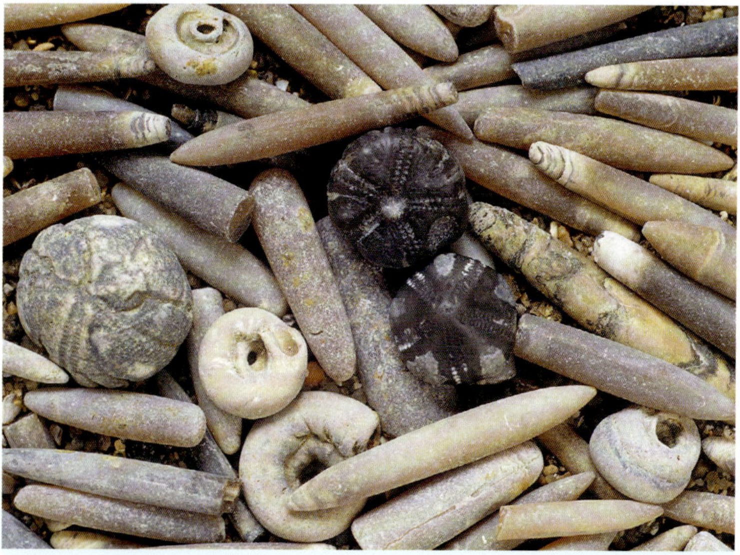

Die Helgoländer Oberkreide birgt viele interessante Fossilien, die hier als Sammelergebnis eines längeren Tages zu sehen sind: Seeigel (*Galerites vulgaris*), Belemniten („Donnerkeile", überwiegend *Hibolites jaculiformis*) und kreidezeitliche Wurmbauten von *Rotularia philippsii*

Aus Gründen der spezifischen Schichtneigung des östlichen Teils der Aufbeulung ist Helgolands Westflanke morphologisch stärker gegliedert als die übrigen Kliffabschnitte. Hier ist ein höchst eindrucksvoller Formenschatz entwickelt (vgl. Abb. S. 37). Besonders kennzeichnende Formen sind die Brandungsnischen (Slapps), die dazwischen verbliebenen Halbtürme und Felsvorsprünge (Hörns), ferner die unterschiedlich großen Brandungshöhlen, die sich eventuell zu Brandungstoren (Gatts) entwickelt hätten, wenn man der Helgoländer Westseite nicht schon vor Jahrzehnten eine sichernde Uferschutzmauer vorgesetzt hätte. Diese unterbricht heute die Fortentwicklung der vor 1940 angelegten Formen, so auch die Herausbildung einzelner Felstürme (Stacks). Etliche Bezeichnungen für diese besondere Felsmorphologie sind Originalnamen aus der Helgoländer Inselsprache und wurden fallweise sogar in das begriffliche Standardrepertoire der Geomorphologie übernommen. Einen zusammenfassenden Überblick über die charakteristischen Abtragungsformen, die vor allem das Erscheinungsbild der Westklippe prägen, bietet das beigefügte Schema, das so erstmals von dem verdienten Bonner Geologen Peter Wurster entwickelt wurde.
Die bis heute auffälligste Abtragungsform der Insel ist zweifellos der rund 48 m (genau 47,5 m) hohe Brandungspfeiler Nathurnstack vor der Nordwestspitze der roten Felsinsel, bei den Helgoländern und den Inselbesuchern üblicherweise als „Lange Anna" bezeichnet (angeblich nach der früheren Bedienung eines kleinen Gastronomiebetriebes, der vor dem Zweiten Weltkrieg auf dem nördlichen Oberland existierte). In der benachbarten Felswand entstand hier zunächst eine tiefe Brandungshöhle, die sich schließlich zu einem Brandungstor (Gatt) erweiterte. Die weitere erosive Beanspruchung ließ im Jahre 1860 den Firstbereich einstürzen und zurück blieb der isoliert stehende und äußerst malerische Felsturm. Die gesamte Entwicklungsfolge ist auf Stichen und Gemälden aus dem 19. Jahrhundert geradezu lückenlos dokumentiert. Seit diesem isolierenden Ereignis ist der Nathurnstack Helgolands Wahrzeichen, aber vermutlich nicht für alle Zeiten erhaltungsfähig. Im Fußbereich ist er im Querschnitt ein etwas unregelmäßiger Rhombus mit etwa 20 × 15 m Abmessung. Hier hatte sich zuletzt eine rund 10 m hohe Brandungshohlkehle eingetieft, die für die Statik allmählich bedrohlich wurde. Zudem wies der Fußbereich an seiner SW-Flanke eine über 6 m breite und fast 8 m tiefe Nische auf. Hier wäre längerfristig ein neues Brandungstor entstanden. Außerdem hängen die Felsflanken an der NW-Seite um bis zu 4 m über. Das Gewicht dieser Felsmassen konzentrierte sich also auf eine immer kleiner werdende Basis. Beim Überschreiten von deren Belastbarkeit wären große Teile des Nathurnstacks verstürzt. Mit umfangreichen Sicherungsarbeiten an der seeseitigen Flanke hat man bis zum Abschluss der Arbeiten im Jahre 1979 versucht,

durch Vermauerung die stark angegriffene Basis des Stacks zu stabilisieren. Die verwendeten Kunststeine sind frontseitig mit allerhand gestaltlichen Kleingefügen ausgestattet, die Formelemente aus dem Mittleren Buntsandstein aufgreifen (sollen) – allerdings in der falschen Orientierung, denn die Schichtlagen verlaufen auch hier quer dazu.

Ein mit dem Nathurnstack vergleichbarer Felsturm, Mönch genannt, zierte ursprünglich auch die Südwestecke der Insel. Er fiel allerdings nicht der natürlichen Erosion zum Opfer, sondern wurde erst bei der versuchten und zweifellos völlig unsinnigen Inselsprengung durch die britische Marine am 18. April 1947 zerstört. Aber immerhin hat er (noch rechtzeitig) Wissenschaftsgeschichte geschrieben: Der arg unter saisonalem Pollenasthma leidende Göttinger Physiker Werner Heisenberg (1901–1976; Nobelpreis 1932) verbrachte besonders die Sommerwochen gerne auf dem damals schon bekanntermaßen pollenarmen Helgoland und schloss hier in einer Frühsommernacht 1925 seine folgenreiche Studie (veröffentlicht 1927) über die Grundlagen der Quantenmechanik ab, einer der bedeutendsten und folgenreichsten Meilensteine der theoretischen Physik im 20. Jahrhundert, der nun endlich viele aberwitzig erscheinende Eigenheiten der Atome verstehen ließ. In seiner Autobiographie beschreibt er, wie er – gebürtiger Münchener und trainierter Bergsteiger – am sehr frühen Morgen auf den Mönch kletterte und hier, total zufrieden über den erfolgreichen Abschluss seiner theoretischen Arbeit, den Sonnenaufgang erwartete.

Direkt über der Nordwestspitze der roten Felseninsel befand sich früher eine kleine Aussichtskanzel. Sie ist zwar noch vorhanden, aber heute aus Sicherheitsgründen gesperrt, denn das in der Vergangenheit tektonisch arg beanspruchte Buntsandsteinpaket ist hier besonders brüchig. Erst im Januar 1976 kam es hier zu einem der größten Felsabbrüche in der jüngeren Geschichte, als nachts (vermutlich durch Frostsprengung) rund 2000 m^3 Gestein verstürzten und eine kleine, spitze und sichtlich erosionsgefährdete Felsnadel („Ännchen“) aus dem bisherigen Schichtverband herauslösten. Von diesem gewaltigen Materialabgang ist heute nicht mehr viel zu sehen, denn die Brandung, die nur an dieser Stelle noch freien Zugang zur NO-Klippe hat, konnte die abgegangenen Geröllmassen unterdessen weitgehend aufarbeiten.

Verwitterungsbedingt hatte man schon in früherer Zeit das zerstörerisch fortschreitende Zurückweichen der westlichen Uferlinie der Insel bemerkt, wo einerseits malerische (unterdessen zerstörte) Brandungstore wie das Sneppgatt, andererseits aber auch tief in den Buntsandsteinklotz eingetiefte „Öfen“ und „Kamine“ (vgl. Abb. S. 37) entstanden waren. Immerhin betrug der erosiv bedingte jährliche Flächenverlust der Insel bis zu knapp 0,4 km^2 und gab berechtigten Anlass zu nachhaltigem technischem Handeln. So entstand schon

Der Oststrand der Düne besteht fast ausschließlich aus den harten Flintknollen der Oberkreide.

bald nach der Übernahme der Insel aus britischer Hoheit der Plan einer (auch vor Sturmfluten) sichernden Uferschutzmauer, deren Bau im Jahre 1903 begonnen wurde. In Resten ist sie an einer Versuchsstrecke noch heute erkennbar. Das heutige Schutzmauersystem entstand allerdings erst in der Zeit der militärisch fragwürdigen Aufrüstung der Insel zur vorgelagerten Seefestung nach 1933. Bis etwa 1940 war Helgoland schließlich in ein kilometerlanges System von Molen und Schutzmauern eingebunden. Deren sprengungsverursachte Zerstörungen wurden in den Jahren 1960 – 1963 wieder ausgebessert. Seither sind weitere erhebliche Sicherungsmaßnahmen (z. B. durch Mauerverstärkung und Tetrapodenwälle) erfolgt.
Das moderne Bollwerk der langen westlichen Uferschutzmauern der Insel – an der Basis sind sie etwa 5 m breit und sonst ungefähr 6,50 m hoch – ist für den wirksamen Inselschutz zweifellos ein Segen, hat aber für die Entwicklung des Naturraums auch einige nachteilige Folgen: Die westliche Uferschutzmauer liegt etwa 20 – 50 m vor der aufragenden Buntsandstein-Klippe. Abgehender Erosionsschutt kann jetzt von der anrollenden Brandung nicht mehr weggeführt oder weiter zerkleinert werden, sondern staut sich im Bereich zwischen Felsfuß und Uferschutzmauer allmählich immer mehr an. Stellenweise türmen sich die erodierten Felsschutthalden bereits bis auf etwa 40 m

Höhe auf. Damit ist klar, dass die natürliche Fortentwicklung der verschiedenen morphologischen Elemente im Buntsandstein in diesen Bereichen nicht mehr möglich ist. Auch wird der Blick auf ganze Serien von begonnenen Brandungshöhlen oder sich weiter eintiefenden Gatts dauerhaft verstellt bleiben. Nur an zwei eng benachbarten Stellen springt die westliche Uferschutzmauer – bemerkenswerterweise von Anfang an so geplant – hinter den Klippenrand zurück: Im Bereich des Skittenhörns, Helgolands bekanntem Seevogelfelsen (Lummenfelsen), reicht die Brandung wie eh und je direkt an die steil abfallende Klippe heran. In Helgoländer Flurkarten ist der nördliche Teil des Lummenfelsens als Bread Hörn (Breithorn), der südlichere als Seliger Hörn (Seehundshorn) eingetragen, getrennt durch ein breites und weit eingetieftes Slapp (Brandungsnische) mit der Bezeichnung Djunk Hel (Dunkle Höhle). Beide Felsvorsprünge sind durchtunnelt, aber für den Publikumsverkehr nicht zugänglich – verständlich, denn in den gefährlichen Tunnelpassagen liegen tonnenschwere Buntsandsteinblöcke, die unterdessen vom Deckenbereich abgestürzt sind.
Diese bautechnisch glücklicherweise umgesetzte Lösung ist ein wunderbares Zugeständnis an die besondere Brutbiologie der hier nistenden Trottellummen, deren flügge Jungtiere beim berühmten Lummensprung unbedingt den freien Zugang zum Felswatt benötigen (vgl. S. 116). Sorgen bereitet hier jedoch eine ausgeprägte Längskluft im anstehenden Gestein, die Schlimmes befürchten lässt und dringender Sanierungsarbeiten bedarf. Von der ursprünglich rund 7700 m langen Uferlinie des aufragenden Buntsandsteinfelsens befindet sich heute nur noch ein etwa 600 m langer Abschnitt im Naturzustand – nämlich die Strecke zwischen dem Treppenaufgang (ca. 110 Stufen) an der Nordostecke (Jägerstieg) und der Langen Anna.

Bernstein aus der Nordsee

Als beliebter Schmuckstein ist Bernstein allgemein bekannt. Seine Benennung Bernstein leitet sich vom niederdeutschen Wort „börnen" = brennen (vgl. das englische *to burn*) ab und bezieht sich darauf, dass dieses Gestein ähnlich wie Kohle oder Ölschiefer brennbar ist. Bernstein heißt also eigentlich Brennstein – er brennt mit leicht bläulicher Flamme. In der Geologie bezeichnet man als Bernstein generell fossile Naturharze und setzt zur genaueren Kennzeichnung oder Unterscheidung die jeweilige Fundlokalität hinzu. Weltweit sind nämlich bislang mehr als 100 Bernsteinvorkommen unterschiedlichen Alters bekannt. Eines der bekanntesten Vorkommen ist der Baltische Bernstein, der heute im Wesentlichen im nördlichen Ostseeraum (Halbinsel Samland) angetroffen wird. Seine Farben reichen von farblos über hell- bis goldgelb und orange bis

Baltischen Bernstein gibt es (als Folge der eiszeitlichen Geschiebe) auch auf Helgoland, vor allem am Nordstrand der Düne. Glückliche Funde sind möglich, aber nicht allzu zahlreich.

hin zu Rot- und Brauntönen. Je nach Art und Menge der pflanzlichen Einschlüsse kommen auch grünliche Töne sowie tiefschwarze Stücke vor.

Der Baltische Bernstein entstand in den großen nordeuropäischen (fennoskandischen) subtropischen Bernstein-Urwäldern östlich einer Linie Rügen-Berlin und bis fast zum Ural und leitet sich vom Harz wohl nur einer einzigen Koniferenart ab. Die offenbar beträchtliche Harzmengen liefernde Art ist nach fossilen Holzproben und nach Pollenkornfunden schon im Jahre 1845 als Bernstein-Kiefer (*Pinus succinifera*) beschrieben worden, obwohl der Baltische Bernstein naturstoffchemisch eher dem Harz der heute in Neuseeland in Restbeständen vorkommenden Araukarien ähnelt. Araukarien sind hier aber fossil nicht überliefert. Die ältesten Funde von Baltischem Bernstein aus Südschweden (Schonen) und Samland weisen darauf hin, dass der Bernsteinwald schon im Unter-Eozän (vor rund 50 Mio. Jahren) unter subtropischen Bedingungen bestand.

Viele Prozesse auf den Stationen vom Harzfluss am lebenden Nadelbaum bis zum verfestigten Fossilharz sind trotz intensiver Forschung noch gänzlich unklar. Sicher ist lediglich, dass die anfangs überwiegend wohl noch recht dünnflüssigen Harze mit der Zeit durch Polymerisation ihrer Bestandteile immer visköser und kompakter wurden. Ein entscheidender Faktor ist allerdings die weitere Einbettung des Materials. Wäre das abtropfende und

Die Kupfergewinnung hat auf Helgoland eine lange Tradition: Schichtfläche eines massiven Vererzungshorizonts aus der Volpriehausen-Folge im Mittleren Buntsandstein.

schon stärker verfestigte Harz auf oder im Boden der Bernstein-Urwälder als Primärlagerstätte verblieben, hätte diese organische Substanz dort gewiss nicht überdauern können, weil Austrocknung und Oxidation sie zerstört hätten. Vermutlich haben jahreszeitliche Starkniederschläge das schwimmfähige Material in geeignete Ablagerungsräume abgeschwemmt, wo es vor weiterer Verwitterung geschützt war. Die heutigen Fundgebiete des Baltischen Bernsteins sind demnach allesamt durch manchmal mehrfache Umlagerung entstandene sekundäre Lagerstätten und keineswegs mit seinen Entstehungsgebieten identisch.

Bernstein ist ein außerordentlicher Glücksfall für die Paläontologie: Das fossile Harz enthält nämlich fallweise als einzigartiges Naturphänomen lebensecht eingeschlossene Kleintierfossilien. Dafür hat sich in der Fachwelt die Bezeichnung Inklusen eingebürgert. Neben Skorpionen und Spinnen sind es Springschwänze, Eintags- und Steinfliegen, Libellen, Köcherfliegen, Stechmücken, Flöhe, Ameisen und Käfer sowie ferner Federteile und Tierhaare. Sie stellen für die Evolutionsforschung eine besondere Schatzkammer dar. Als Ensemble bieten sie nämlich einen hervorragenden Einblick in das faunistische Inventar der fennoskandischen Wälder im älteren Tertiär. Im Fall der eingeschlossenen Gliedertiere ist lediglich die widerstandsfähige, kaum zersetzbare Chitinhülle enthalten. Tatsächlich sind also die Inklusen fast immer nur chitinös und extrem dünn ausgekleidete Hohlräume. Die Harzkonservierung im fossilen Bernstein steht unter allen in der Paläontologie verfügbaren Fossilien einzigartig da. Sie erlaubt nämlich die Analyse von Strukturen bis an die Grenzen der Lichtmikroskopie. Ein weiterer wichtiger Unterschied zu fast allen anderen Fossilien ist, dass die betreffenden Organismen lebend in die Harzfalle geraten sind und Momentaufnahmen darstellen – gewöhnlich sind in der Inkluse die letzten Sekunden eines Kleintieres lebensecht festgehalten.

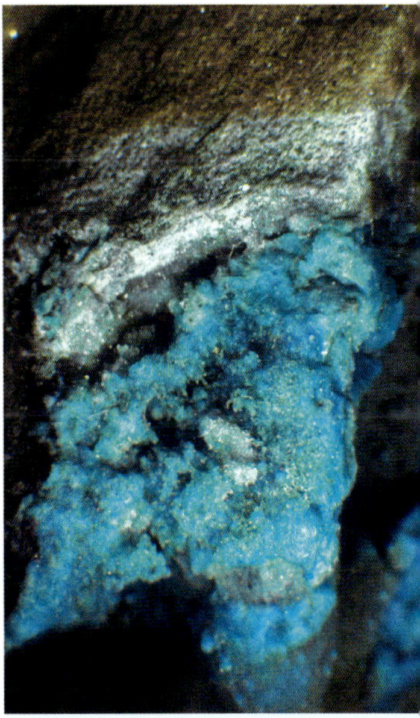

In den Buntsandsteinschichten sind lagenweise Drusen mit Kupfermineralen enthalten (hier Chrysokoll zusammen mit Calcit-Kristallen).

Üblicherweise bringt man Bernsteinfundstrecken mit der Ostsee in Verbindung. Wenn sich diese nach Stürmen wieder beruhigt hat und deutlich kleinere Wellen sanft an den Strand plätschern, kann man an bestimmten Sandstrandabschnitten Bernsteine zwischen Holzteilchen, Seegras und Muschelleerschalen finden.

Auch Helgoland ist potenzielles Bernsteinfundgebiet. Das fossile und oft mit schönen Inklusen gezierte Material (man erkennt sie allerdings nur an poliertem Material, nicht unbedingt im Rohbernstein) hat im Nordseeraum vor allem westlich der Insel eine tertiäre Lagerstätte gefunden. Das durch mehrfachen Gletscherschub in das Nordseebecken verfrachtete Lockermaterial erfasste schließlich auch die im Ostseeraum häufigen Sekundärlagerstätten und hat Teile davon weit nach Westen verlagert. Durch die Dünung freigelegte und wegen ihrer beachtlichen Leichtigkeit schwimmfähige Bernsteinstücke werden durch Wellenaktion irgendwo und irgendwann auf den Strand geworfen – so auch vor allem am Nordstrand der Helgoländer Düne. Hier sind schon faustgroße Exemplare geborgen worden. Kleiner Tipp für Sammler: Die kleineren und ebenfalls sehr gesuchten Bernsteine bleiben nach dem Anspülen meist an der landseitigen Flanke der nach Sturm ausgeworfenen Großalgen liegen.

Nicht selten findet man solche Torfstücke am Dünenstrand, auf Helgoland „Töck" genannt, aus einem zwischeneiszeitlichen Moor.

Kupfergewinnung auf Helgoland

Bei Tauchuntersuchungen des Helgoländer Inselsockels entdeckte H. H. Stühmer in den späten 1970er-Jahren bei routinemäßig durchgeführten Überprüfungen am Helgoländer Felssockel in geringer Entfernung vor der heutigen Südhafeneinfahrt am Meeresboden ein umfangreiches Depot von Kupfer-Gussfladen, die Durchmesser um 40–50 cm und fallweise bis zu 5 kg Gewicht aufweisen. Manche der aufgefundenen Gussfladen weichen in Größe und Gewicht auch deutlich davon ab. Der Fund von Resten eines auf die Zeit um 3000 – 1350 v. Chr. datierten Schmelzofens legt somit die Vermutung nahe, dass die Kupferfunde tatsächlich aus einer Verhüttung auf Helgoland stammen (Stühmer 1980).

Diese erstaunlichen Funde waren zunächst nicht so recht einzuordnen. Andererseits ist aber schon seit langem bekannt, dass vor allem die Volpriehausen-Folgen im Nordteil der Felsinsel schichtweise erhebliche Kupferkonzentrationen aufweisen. Einige dieser Schichtlagen im Mittleren Buntsandstein enthalten in ihrem Mineralbestand sogar bis zu 0,5% Kupfer (Cu), während sich der Kupfergehalt der übrigen Schichten bei nur wenig mehr als 0,05% bewegt. Auf (seltenen) Fundstücken im Erosionsgeröll der Westseite ist der Kupfergehalt als gediegenes Element oder als Mineral Rotkupfererz (Cuprit, Cu_2O) direkt erkennbar. In solchen Schichtlagen kann der Cu-Gehalt sogar mehr als 10% be-

tragen. Meist ist Rotkupfer und gediegenes Kupfer im Korngefüge der Sandsteinschichten in feinstverteilter Form enthalten.
Im Gelände ist die Cu-Vererzung einzelner Schichtglieder nur schwer auszumachen, denn die steil abfallende Klippe ist aus mancherlei Gründen für Besucher generell unzugänglich und auch die Bereiche zwischen Klippenfuß und Uferschutzmauer sind für den allgemeinen Publikumsverkehr gesperrt. Die hier auffindbaren, aus Klüften im Schichtverband stammenden Drusen mit leuchtend türkisblauen Kupfermineralien (vor allem Chrysokoll und Malachit) sind allerdings bei einigen Händlern im Bereich der Hummerbuden zu bewundern (und zu erwerben). Die Fundstellen solcher Drusen sind im roten Inselkörper nicht gleichmäßig verteilt, sondern treten – entsprechend dem im Gestein nach Nordwesten zunehmenden Cu-Gehalt – in dieser Richtung häufiger auf. Folglich wurde der Mittlere Buntsandstein von der seinerzeitigen Vererzung wohl relativ uneinheitlich erfasst.

Eiszeitlicher Findling (Erratischer Block) vor der Südreede mit eindringlichem Appell

Solche Beobachtungen sprechen einheitlich dafür, dass der am stärksten vererzte Bereich weit vor der heutigen Nord- bzw. Nordwestspitze gelegen hat. Eine detaillierte lagerstättenkundliche Analyse steht zwar bislang noch aus, doch stehen die aus Geländebeobachtungen abgeleiteten Befunde nicht im Widerspruch zu dieser Sicht.
Die Funde der eigenartigen Cu-Gussfladen im inselnahen Seegebiet und der bemerkenswert hohe Cu-Gehalt legen natürlich eine ursächliche sowie räumliche Verknüpfung nahe. Zwingend ist ein solcher Zusammenhang zunächst natürlich nicht, denn das Gussfladen-Fundgut könnte immerhin auch aus einer verlorenen Schiffsladung stammen. Allerdings: In den Helgoländer Fundstücken fanden sich verräterischerweise kleinste Verunreinigungen aus Kreidegestein und Buntsandstein, die als Einsprenglinge in die seinerzeit ver-

So sah um 1900 die noch unverbaute Westküste aus: Hoyshörn und Djunggatt (Franz Schensky). Mit freundlicher Erlaubnis des Fördervereins Museum Helgoland.

wendeten Gießmulden gelangten. Damit ist zweifelsfrei nachgewiesen, dass die Gießvorgänge tatsächlich auf Helgoland stattgefunden haben. Unklar ist allerdings, woher die Hüttenwerktätigen vergangener Zeiten den Befeuerungs-Rohstoff für die Schmelzöfen genommen haben. Die auf Helgoland zu allen Zeiten mageren Gehölzbestände können es jedenfalls nicht gewesen sein. Insofern muss man wohl von gezielt importiertem Feuerungsmaterial ausgehen. Für die tatsächliche Herkunft der aufgefundenen Cu-Gussfladen spricht überdies noch ein weiteres gewichtiges Argument: Die erschmolzenen Rohmetall-Fladen bestehen nämlich nicht nur aus Reinkupfer, sondern weisen zusätzlich typische Begleitelemente wie Antimon, Arsen, Molybdän, Nickel und Silber auf. Diese bilden sozusagen einen mineralischen „Fingerabdruck" und somit eine klare Kennung. Vergleiche mit aus modernsten Untersuchungsmethoden (Atomabsorptionsspektroskopie) gewonnenen Daten von anderen autochthonen Vorkommen konnten zweifelsfrei nachweisen, dass die Helgoländer Vorkommen von Kupfererz tatsächlich auch die Materialquelle der bei Tauchuntersuchungen aufgefundenen Kupferfladen sind.
Aus dem Feuerungsmaterial für die Erzschmelze sind in den Gussfladen winzige Holzkohlenreste enthalten, die nach der in solchen Fällen gerne eingesetzten Radiokarbonmethode eine ungefähre, wenngleich wegen der minimalen Probenmengen mit mancherlei Unsicherheiten belastete, zeitliche Einordnung erlauben. Nach diesen ^{14}C-Daten entstanden die aufgefundenen Cu-Fladen in der Zeit zwischen 1140 und 1340 n. Chr. Zumindest im hohen und späten Mit-

telalter muss die Insel Helgoland somit eine offenbar ergiebige Kupfermine gewesen sein. Der gezielte Abbau vor allem im Nordteil der roten Insel mag auch einen Teil des durch die bloße Erosion sonst nicht erklärbaren beträchtlichen Flächenverlustes erklären. Dieser Erzabbau hat sich eigenartigerweise in keiner aus dieser Zeit fassbaren schriftlichen Quelle niedergeschlagen – möglicherweise auch deswegen nicht, weil man das offenbar ergiebige Rohstoffvorkommen vor der etwaigen Konkurrenz verheimlichen wollte.

Aus der heutigen Lage ertrunkener Felsgesimse und des übrigen untermeerischen Reliefs um Helgoland ist der Werdegang der Insel recht gut nachzuvollziehen. Noch in der Jungsteinzeit war der heutige Inselraum landfestes, von Schleswig-Holstein aus fußläufig erreichbares Gebiet und in der Bronzezeit (Beginn vor ca. 2500 Jahren), für die Kupfer als gesuchter Rohstoff äußerst bedeutsam war, zumindest noch sehr landnah. Im Fundgut vom Meeresboden um Helgoland sind alle wichtigen kulturgeschichtlichen Epochen vertreten. Alte Gesamtansichten zeigen außerdem mehrere (bronzezeitliche?) Grabhügel auf dem Oberland. Vor diesem Hintergrund darf man die Tradition der Kupfererzgewinnung gewiss über das hohe Mittelalter hinaus in die fernere Vergangenheit verlängern. Im nördlichen Mitteleuropa und im südlichen Skandinavien sind sonst keine Kupfererzvorkommen bekannt. Aus letzterem Raum geborgene Bronzefunde weisen nach ihren typischen Begleitelementen allesamt die unverwechselbare Kennung des Helgoländer Kupfers auf. Nach Einschätzung von Archäologen war Helgoland schon zu Beginn der Metallzeiten auch in ein weitreichendes Handelsnetz eingebunden (vgl. Grahn-Hoek 2009). Wenn also Helgoland bereits in vorgeschichtlicher Zeit eine gut ausbeutbare, weil obertägig zugängliche Kupfermine war, dann hat die Materialgewinnung den aufragenden Buntsandsteinblock wohl erheblich schneller abgetragen, als er nach bisheriger Einschätzung im Zuge natürlicher Erosion verkleinert wurde. Unter diesem Aspekt ist die malerisch aufragende Buntsandsteinklippe vermutlich eher der Rest eines lange Zeit betriebenen Bergbaus als eine Folge des Abbruchunternehmens Meeresbrandung.

Die Buntsandsteinklippe ist somit immer eher eine Momentaufnahme. Davon überzeugt auch der jüngste beträchtliche Felssturz in der Nacht zum 29.04.2022: An der Nordwestecke, etwa 200 m vor der Langen Anna, lösten sich mehrere hundert Kubikmeter Material und rissen hier den viel begangenen Klippenrundweg in die Tiefe.

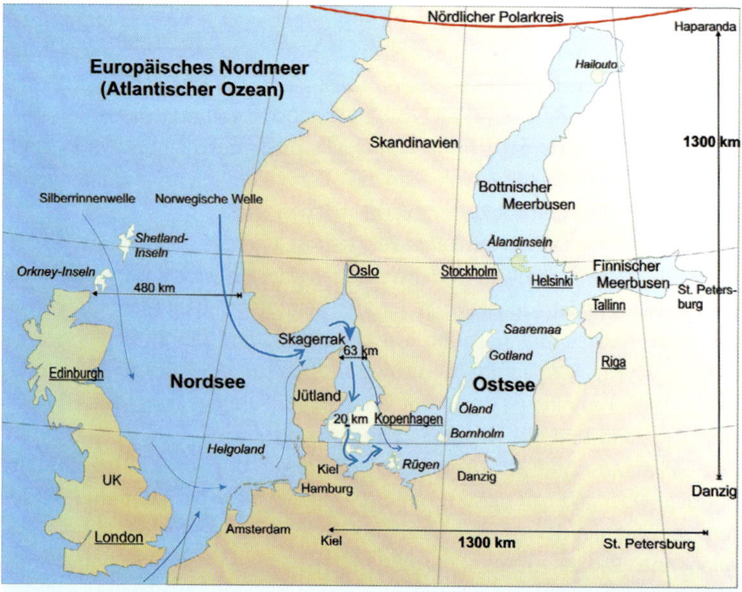

Eng benachbart, aber gänzlich ungleich: Nord- und Ostsee im Kartenvergleich. Helgoland ist nach ozeanographischen Begriffen keineswegs eine landferne Hochseeinsel, sondern ein Element der inneren Deutschen Bucht.

Helgolands marine Umwelt

Obwohl Helgoland „ganz rechts unten" in der Deutschen (bzw. Helgoländer) Bucht liegt, ist nicht nur die Insel selbst, sondern auch im Ensemble mit der allumgebenden Nordsee, eine wunderbare Erlebniskomponente. Mit ihren rund 575200 km^2 Fläche ist die Nordsee zwar nur ein kleineres Randmeer des Nordatlantiks und mit dieser Flächenbemessung sogar noch etwas kleiner als das Schwarze Meer, aber das schmälert ihren Erlebniswert keineswegs. Im Kartenbild nimmt sie ungefähr die Form eines Rechtecks von rund 1000 km Länge und bis 600 km Breite ein. Ihre Wasserfüllung beträgt rund 54100 km3 und enthält immerhin die ansehnliche Menge von 1838140000 t Meersalz. Das wird für die Salzstreuer der Küstengastronomie gewiss eine ganze Weile reichen.

Die uns heute vertraute Bezeichnung Nordsee geht vermutlich auf die an den Küsten schon lange ansässigen Friesen zurück. Aus deren Perspektive liegt das Meer direkt im hier erlebbaren Küstenbereich eben in nördlicher Rich-

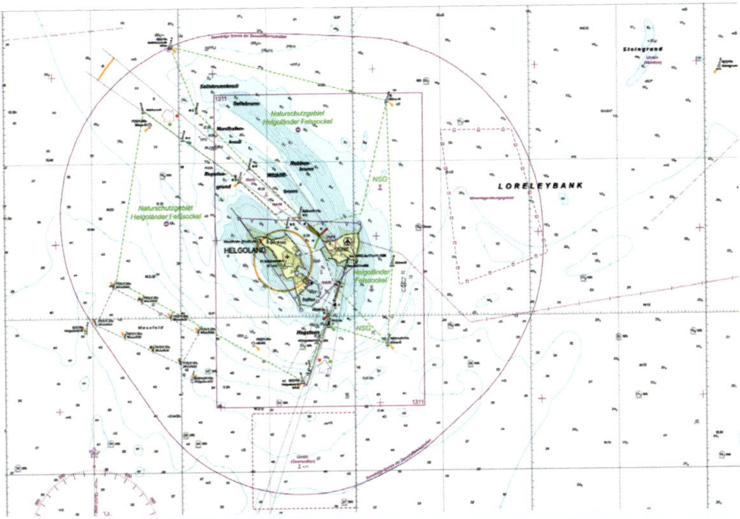

Ausschnitt aus der amtlichen deutschen Seekarte 1310, Bundesamt für Seeschifffahrt und Hydrographie Hamburg/Rostock; mit freundlicher Erlaubnis

tung. Die Hanse übernahm diese Einschätzung und führte zudem für das östlich anschließende Großgewässer die Bezeichnung Ostsee ein, obwohl sich diese viel weiter nach Norden erstreckt als die Nordsee. In Dänemark ist – topographisch völlig nachvollziehbar – die Bezeichnung Vesterhavet (= Westmeer) neben dem ebenfalls verbreiteten „Nordsøen" üblich. Als Südwestgrenze der Nordsee nimmt man die gedachte Verbindungslinie zwischen der Themse- bzw. Rhein-Mündung (52° N) und dem französischen Cap Gris Nez bei Calais vor. Westlich davon liegt der Ärmelkanal, französisch La Manche und englisch The Channel genannt.

Der weitaus größte Teil der Nordsee ist Schelfgebiet und damit untermeerischer Kontinentalsockel. Die Wassertiefen sind daher moderat und nehmen von rund 30 m im südlichen Nordseebecken bis auf etwa 200 m am Schelfrand (Kontinentalkante) zu. Daraus errechnet sich für die gesamte Nordsee eine Durchschnittstiefe von nur knapp 94 m – für das Herumdümpeln in einer kleinen Nussschale auf hoher See dennoch eine extrem ungemütliche Vorstellung. Eine Ausnahme bildet die sogenannte Norwegische Rinne. Sie beginnt im Europäischen Nordmeer, folgt mit Abstand der norwegischen Südwestküste in höchstens 20 km und fällt hier an der tiefsten Stelle im Skagerrak bis auf 725 m ab. Für den Wasseraustausch mit der Ostsee ist sie von besonderer Bedeutung. Zentral in der Nordsee liegt die Doggerbank, in west-östlicher Richtung bis 350 km lang, in nord-südlicher bis 120 km breit und somit ein

Die (weitgehend) tellerebene Oberfläche des Oberlandes ist eine Folge von anhaltendem eiszeitlichem Schliff. Erst die britischen Bombentrichter, ein Erbe der britischen Dauerbombardements nach dem Zweiten Weltkrieg, haben das Terrain zerpflügt und neue Reliefebenen hinzugefügt.

Gebiet etwa von der Größe der Niederlande. Die Wassertiefen liegen im Südwestteil bei 13 m und nehmen nach Osten bis auf 30 m zu. Etwas weiter nördlich davon verlief während der Eiszeiten die südliche Küstenlinie der Nordsee. An immer noch vorhandenen Vertiefungen im Nordseeboden kann man Lage und Vernetzung des ehemaligen Flusssystems ablesen. Damals waren auch Elbe, Themse und Humber Nebenflüsse des Rheins. Der gesamte Westteil der Doggerbank war sozusagen rechtes Rheinufer, der eiszeitliche Fluss mündete an ihrer Nordwestecke in die damalige Nordsee. Heute grenzt das flache Seegebiet der Doggerbank die südliche von der zentralen Nordsee ab.

Ein wenig Nordsee-Hydrographie

Das Nordseebecken ist ein schon im Erdaltertum angelegtes und bis heute in den Tiefen komplex in einzelne Schollen zergliedertes Senkungsgebiet. Eigenartigerweise ist die Nordsee damit sogar deutlich älter als der Nordatlantik, der sich durch Plattendrift in unseren Breiten erst in der Zeit zwischen Jura und Unterer Kreide öffnete. Durch die etwa 80 km (42 sm) breite Öffnung zwischen den Orkney- und den Shetland-Inseln nordöstlich von Schottland führt der Fair-Isle-Strom der heutigen Nordsee jährlich etwa 9000 km^3 Atlantikwasser zu. Ein deutlich stärkerer Einstrom mit etwa 51000 km^3 dringt über die rund 900 km lange Norwegische Rinne ein. Davon verlässt der überwiegende Teil den Nordseeraum wieder mit dem Baltischen Strom entlang der norwegischen Küste. Etwa 3400 km^3 Wasser erhält die Nordsee über den Ärmelkanal. Mit den Niederschlägen treffen 380 km^3 ein und gleichen die jährliche Verdunstung von ca. 325 km^3 gut aus. Die größeren Nordseezuflüsse entwässern immerhin eine Landfläche von annähernd 841500 km^2 Ausdehnung und tragen jährlich etwa 300 km^3 Süßwasser ein. Das Flusswasser macht damit insgesamt nur etwa 0,5% des Nordseewassers aus. Der Rhein ist daran mit etwa 2200 m^3/s beteiligt, die Elbe mit 856 m^3/s. Die fluviatilen und marinen Wasserkörper durchmischen sich jedoch nur zögerlich. Das Wasser aus Rhein und Elbe ist allerdings noch bis Nordwestdänemark klar von typischem Meerwasser zu unterscheiden – vor allem anhand seines gegenüber den Weltmeeren etwas verringerten Salzgehaltes von etwas über 33‰. Außerdem unterscheidet sich in den verschiedenen Wasserkörpern auch die Artenzusammensetzung der darin enthaltenen Planktonorganismen. In knapp zwei Jahren tauscht die Nordsee ihr gesamtes Wasser mit dem Nordatlantik aus, wobei die durchschnittlichen Verweilzeiten wegen der Buchtlage der deutschen Küstenanteile dort deutlich höher sind.

Die nördliche Grenze zum Europäischen Nordmeer als östlichem Teil des Nordatlantiks ist naturräumlich nicht besonders klar markiert. Die ozeanische Konvention nimmt hier die Abgrenzung zwischen Nordschottland, den Shetland-Inseln und der Stadt Ålesund vor, wo die norwegische Küste definitiv von ihrer Nord-Süd-Ausrichtung in einen ziemlich geradlinigen Verlauf nach Nordost abknickt. Das Oslo-Pariser Abkommen von 1962 legt die Grenzen mit dem Meridian 5° W und dem Breitenkreis 62° N fest – er trifft auf das norwegische Festland etwa in Höhe des Geiranger-Fjords bei Ålesund. Untermeerisch entspricht dieser angenommenen Linie in etwa der Kontinentalschelfrand. Die britischen Orkney- und Shetland-Inseln gehören damit trotz ihrer relativ weit vorgeschobenen Lage noch gesamthaft zur Nordsee.

Ein Blick unter die Wasserdecke

Den tieferen Untergrund des Nordseebeckens bilden die Gesteine des ausgehenden Erdaltertums, vor allem die Rotliegend-Sandsteine und Zechsteinsalze des Perms. Sie treten an den heutigen Küsten nicht zutage. Zumindest die Salzlager des Oberen Perms sind aber auf Helgoland erbohrt worden. Als dieses paläozoische Meer existierte, lag das Gebiet des heutigen Mitteleuropas in völlig anderer kontinentaler Umgebung und außerdem noch relativ äquatornah. Erst durch die fortgesetzte Norddrift der vereinigten Europäischen und Asiatischen Kontinentalplatten gelangte dieses Gebiet allmählich in seine heutige geographische Breiten- und Längenposition. Die weitere geologische Geschichte, die im Zusammenhang mit der Öffnung des Nordatlantiks seit der Unterkreide zu sehen ist, ist phasenreich und bemerkenswert komplex (vgl. Ehlers 2008). An der Kreide-/Tertiär-Grenze vor etwa 65 Mio. Jahren hatte das Nordseebecken jedoch schon annähernd seine jetzigen Konturen angenommen, wenngleich es seine heutige Ausformung erstmals vor etwa 12000 Jahren nach dem Ende der (vorerst) letzten Eiszeit erkennen ließ.

Folgenreiche Eiszeiten

Während der Eiszeiten wurde das Nordseebecken mehrmals von den Gletschern der nordischen Vereisungen überfahren. Während des letzten Glazials, der Weichsel-Eiszeit, war das Inlandeis über Skandinavien stellenweise bis zu 5 km mächtig. Während der zurückliegenden Glazialzeiten wurde das Inselgebiet Helgolands von den vordringenden Eisschilden gleichsam tellereben abgehobelt. Dies lässt die heutige eher unruhige Oberflächenausformung der Hauptinsel mit den überall sichtbaren Spuren der Kriegs- und Nachkriegsbombardements nur noch ansatzweise erkennen.
Auf dem Höhepunkt des Weichsel-Glazials vor etwa 50000 Jahren lag der Meeresspiegel wegen der in den weltweiten Eisschilden gebundenen Wassermassen etwa 120 m unter dem heutigen Niveau – die gesamte Deutsche Bucht war daher Festland. Weil der Ärmelkanal so noch nicht bestand, waren die heutigen Britischen Inseln noch mit dem europäischen Festland verbunden. Erst in der Nacheiszeit setzte ein allmählicher Meeresspiegelanstieg ein – ein fast kontinuierlicher Prozess, den man als Flandrische bzw. Dünkirchen-Transgression bezeichnet. Vor etwa 10000 Jahren lag er nur noch bei 35 m unter NHN, etwa um die Zeitenwende hatte er NHN erreicht. Über die letzten 7500 Jahre stieg der Meeresspiegel um durchschnittlich 35 cm im Jahrhundert. Der Anstieg ist wegen sich überlagernder Effekte (Landabsenkung, Temperaturzunahme u.a.) immer noch nicht abgeschlossen und beflügelt folglich die Diskussionen um die weitere Entwicklung der Küstenlinie an der südlichen Nordsee. Während der letzten 100 Jahre hat man hier einen bisher ungebremsten Anstieg bis 25 cm pro Jahrhundert (oder gegenwärtig etwa 2,4 mm/Jahr) beobachtet.
Selbst beim heutigen Wasserspiegel ist der Helgoländer Felssockel mit seiner gesamten Umgebung eher als Flachwassergebiet einzustufen. Nach den Eintragungen auf der Seekarte Nr. 1310 des Deutschen Hydrographischen

Instituts Hamburg/Rostock beträgt er kaum mehr als 20 m. Lediglich im Südwesten der roten Insel sind im Bereich der so benannten Tiefen Rinne rund 50 m Wassertiefe gelotet worden.

Zwischen Marschen und Moränen

Die gesamte norddeutsche Küstenlandschaft ist – ebenso wie die Ostseeregion – ein direktes Erbe der Eiszeit. Von den heute insgesamt 20 relativ sicher unterscheidbaren Kalt- (Glaziale) und Warmzeiten (Interglaziale) des Quartärs sind nur die letzten beiden Glaziale mit ihren Vereisungen besonders landschaftswirksam geworden. Während die kaltzeitlichen Eismassen am Entstehungsort in Skandinavien (Nährgebiet) bis 5000 m mächtig waren, betrug ihre Dicke an den Eisrandlagen (Zehrgebiet) im heutigen Mecklenburg-Vorpommern, Schleswig-Holstein und Niedersachsen immerhin noch rund 300 m. Wegen dieser beträchtlichen Höhenunterschiede waren die Gletscher ständig in Bewegung und glitten in süd(west)licher Richtung ab – um etwa 30 cm/Tag.

Gletscherschub, Moränenbildung und Entstehung von Sanderflächen

Beim Abfließen nahmen die Gletscher in ihrem Sohlenbereich eine Menge geschürftes oder schon zuvor vorhandenes Lockermaterial mit und überzo-

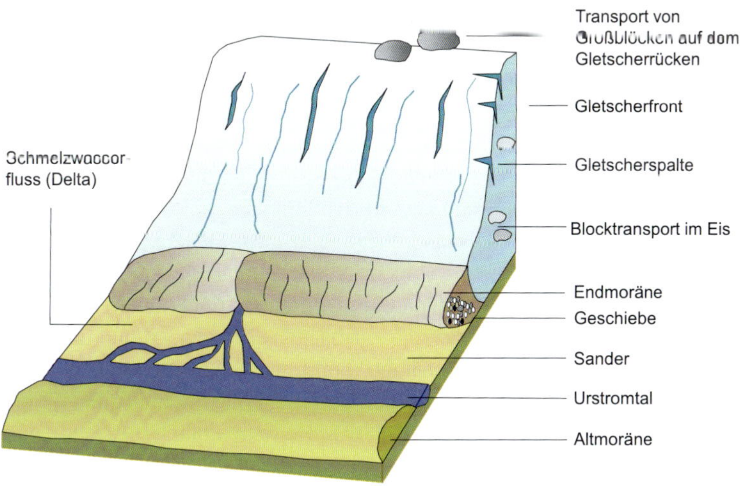

Gletscherschub, Moränenbildung und die Entstehung von Sanderflächen

Im Tidenrhythmus wird die ausgedehnte Felsterrasse abwechselnd ein Teil des Meeres und des Festlandes. Noch – oder schon wieder – ist sie teilweise überflutet.

gen so das vergletscherte Gebiet mit einer mächtigen Grundmoränendecke. Die Stirnseiten der vordringenden Gletscherzungen verschoben ebenfalls große Mengen Gesteinstrümmer, durchaus vergleichbar mit den Materialbewegungen durch eine Planierraupe. Deren Ablagerungen nennt man Satzend- oder, sofern sie zusätzlich zusammengepresst wurden, Stauchmoränen. Endmoränen bauten in den ehemaligen Glazialgebieten stellenweise markante Höhenzüge bis über 100 m ü. NN auf. Besonders große Gesteinstrümmer aus den Gletschergeschieben nennt man erratische Blöcke oder volkstümlich Findlinge. Sie zeigen häufig Schrunden und Schrammen vom Transport über mehr als 1000 km. An den Stränden von Ost- und Nordsee sind sie nicht selten und wurden früher häufig in das Mauerwerk von Gebäuden der Küstenorte einbezogen. Auch auf Helgoland sind sie bekannt.
Aus der typischerweise girlandenartigen Aufreihung der Endmoränen in der heutigen Landschaft lassen sich die ehemaligen Eisrandlagen und damit die maximale Ausdehnung der jeweiligen Vereisungen rekonstruieren. Nach der Entstehungszeit nennt man die davon betroffenen Landschaftsteile Altmoränengebiet oder Hohe Geest. In Schleswig-Holstein umfasst die Hohe Geest nur einen vergleichsweise schmalen Streifen von etwa 20 km Breite. In Niedersachsen reicht sie dagegen von der heutigen Innenküste bis 170 km weit nach Süden. Die Eisränder der letzten Weichsel-Eiszeit haben die Elbe nicht

mehr überschritten. Ihre hügeligen Endmoränen finden sich daher nur im Osten Schleswig-Holsteins sowie in Mecklenburg-Vorpommern.
Die einst per Gletscherschub verfrachteten feineren Kornfraktionen sind natürlich auch auf Helgoland überall erlebbar – sie bilden die bei den Badegästen so sehr geschätzte Basisausstattung der Badestrände.

Bewegte und bewegende Konturen

Der Vergleich einer aktuellen mit einer historischen Landkarte ist immer besonders aufschlussreich. Abgesehen von der im Laufe der Zeit ständig verbesserten Wiedergabe der Landschaft im Kartenbild, wie ihn etwa die amtlichen Messtischblätter (Maßstab 1 : 25000) zeigen, bilden sich in den Karteninhalten auch die enormen Flächenveränderungen ab, die der wirtschaftende Mensch vornimmt, indem er Fließgewässer begradigt, Siedlungsgebiete errichtet oder das Verteilungsmuster von Ackerfluren und Waldbeständen umgestaltet. Trotz solcher zum Teil erheblicher Umbauten der Kulturlandschaft bleibt jedoch die Topographie in ihren wesentlichen Konturen erhalten.
Im Küstenraum stellen sich die Dinge dagegen völlig anders dar. Auch hier verzeichnen die Landkarten zwar einen einigermaßen liniengenauen Verlauf der Festlandgrenze gegen das Meer, aber dieser gegenseitige Kontaktsaum befindet sich unaufhörlich im Umbau: Steter Tropfen höhlt bekanntlich den Stein und erst recht fetzt die Wucht der Brandung vom Festland immer wieder Stücke weg, portionsweise und periodisch oder fallweise auch episodisch mit größeren Landverlusten. Die Grenzmarken des landfesten Gebietes sind also keineswegs für alle Ewigkeiten räumlich fixiert, sondern weichen mittelfristig immer weiter zurück. Wann sich das Meer den nächsten Uferstreifen holt, ist somit nur eine Frage der Zeit. Die jüngere Geschichte der Nordseeküsten liefert dafür höchst eindrucksvolle Schaustücke.
Auf dem Höhepunkt der letzten großen Vereisung (Weichsel-Eiszeit), die vor etwa 12000 Jahren endete, lagen Skandinavien und der Ostseeraum großenteils unter rund 3000 m Packeis, was einer Flächenbelastung von annähernd 3000 t/m^2 entspricht. Das allmähliche Abschmelzen der Eisschilde in der Nacheiszeit ließ weltweit den Meeresspiegel ansteigen, womit sich die Küstenlinie wieder auf ihr ehemaliges Terrain verlagerte. Gleichzeitig ergab sich mit dem Verschwinden der Eismassen auch eine beträchtliche Druckentlastung: Der gesamte skandinavische Raum steigt seither langsam, aber messbar auf. Die Achse dieser immer noch andauernden Kippbewegung verläuft mitten durch das dänische Jütland. Damit sinken also die schleswig-holsteinischen und die dänischen Küstengebiete sowie die westliche Mecklenburger Bucht ebenso

ab wie das weiter westlich gelegene niederländische Tiefland, während die Ostseeküsten weithin in gleichem Maße aufsteigen.

Helgoländer Gezeiten

Man erlebt es täglich mindestens zweimal und eventuell – sollten Sie zu spätabendlichen oder gar nächtlichen Inselwanderungen neigen – sogar vier Mal: Im Tageslauf verlagert sich die Wasserlinie am Strand regelhaft und rhythmisch: Mal zieht sich die Nordsee sichtlich viele Meter weit zurück, aber ein paar Stunden später ist sie wieder da. Die Gezeiten sind zweifellos ein besonders beeindruckendes geophysikalisches Phänomen. Besonders gut zu erleben sind sie vom Klippenrandweg, von wo zu den Niedrigwasserzeiten weite Blicke auf das ausgedehnte Nordostwatt und die breite Brandungsterrasse im Westen der Hauptinsel möglich sind. Von hier sind auch die Hochwasserstände eindrucksvoll – vor allem an Sturmtagen, wenn die Wellen sich mit breitem Schaumgürtel an der Außenkante der Brandungsterrasse brechen und mit meterhohen Brechern an die Uferschutzmauer klatschen. In solchen Situationen kann man sich gut vorstellen, dass die aufragende Klippe in den letzten 300 Jahren um etwa 100 m zum heutigen Inselkern zurückgewichen ist. Heute sind die früheren beträchtlichen Flächenverluste nach der aufwändigen Errichtung der Schutzmauer bzw. der daran anschließenden Molen (weitgehend) gebannt. Aber die tägliche mehrfache Verlagerung gewaltiger Wassermassen im Gezeitenablauf bleibt ein eindrückliches Spektakel. Die Gezeiten oder (norddeutsch) Tiden (vgl. engl. *tide* = Gezeit) sind ein

Noch besser ist die große Brandungsterrasse des NO-Watts auf dieser Luftaufnahme zu sehen – sie zeigt auch den charakteristischen Verlauf der Klippenbögen.

Normaler Wellenschlag ist für die Robben kein Problem. Es geht aber auch ganz anders…

außerordentlich komplexes geophysikalisches Phänomen. Die dabei wirksamen Faktoren lassen sich im Rahmen der konventionellen Newton'schen Mechanik durch Gravitationswirkungen und Fliehkräfte erklären: Auf der dem Mond zu- und abgewandten Seite der Erde bestehen im Betrag gleiche, aber in unterschiedliche Richtungen wirkende Differenzen der Anziehungskraft des Mondes und der Fliehkraft aus der Erdrotation. Sie erzeugen im beweglichen Wasserkörper der Erde (zusätzlich auch in der Lufthülle und im Festkörper) Flutberge, unter denen sich die Erde jeweils hinwegdreht. So entstehen zwei Flutberge und zwei Ebbetäler. Zweimal täglich geraten die Kontinentküsten demnach in einen Flutberg und zweimal in ein Ebbetal.
Wesentlicher, aber nicht alleiniger Zeitgeber dieser Rhythmik ist der Mondtag, der etwa 50 min. länger ist als ein Erdentag. Daraus erklärt sich auch die tägliche Versetzung der Hoch- und Niedrigwasserzeiten um etwa 50 min. Durch Interferenzen der gegenseitigen Position von Erde, Mond und Sonne ergeben sich die halbmonatlichen Ungleichheiten: Im ersten und letzten Viertel verringert der Mond den von der Sonne erzeugten Flutberg. Der Tidenhub fällt schwächer aus, es herrscht Nipptide. Bei Voll- und Neumond addieren sich dagegen die fluterzeugenden Kräfte von Mond und Sonne – es kommt zu Springtiden.
Im Vergleich zum offenen Atlantik ist die Nordsee nur ein vergleichsweise kleines Randmeer – und damit viel zu klein bemessen, um eigene Gezeiten entwickeln zu können. Zudem: Der Kulminationspunkt (Winkelhöhe über dem Horizont) des wichtigen Gezeitengebers Mond überstreicht das ge-

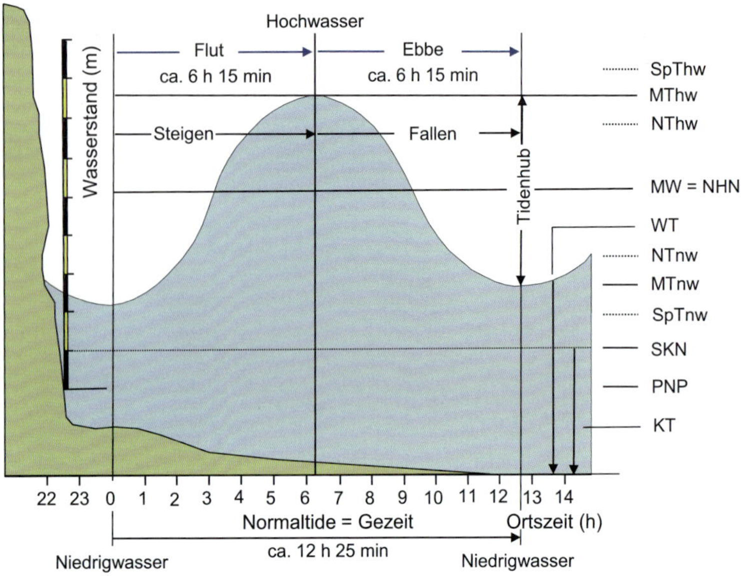

Idealablauf einer Gezeit: Für die einzelnen Wasserstände sind besondere Fachbegriffe im Gebrauch.

samte Nordseebecken in nur etwa 16 min. Dieser geringe Zeitraum reicht für die Bildung eines eigenen Flutberges natürlich überhaupt nicht aus. Die an den Nordseeküsten und auch bei Helgoland zu beobachtenden Tideneffekte sind daher typische Mitschwingungsgezeiten aus dem offenen Atlantik, an denen jedoch viele weitere Faktoren (u.a. komplexe Eigenschwingungen innerhalb der Nordsee) beteiligt sind. Gerade wegen dieser gleichsam ferngesteuerten Effekte ist das Tidengeschehen an unseren Küsten daher auch so bemerkenswert komplex und macht genaue Wasserstandsvorhersagen schwierig. Generell gehen tatsächlich an die 100 verschiedene Einzelfaktoren in die Berechnungen des Bundesamtes für Seeschifffahrt und Hydrographie (BSH, Hamburg) in den genauen Ablauf des Tidengeschehens ein. Eine empfehlenswerte, weil gut verständliche Darstellung des Tidengeschehens an unseren Küsten gibt Glebe (2010).

Als Silberrinnen- oder Shetland-Welle tritt die nordatlantische Gezeitenwelle zwischen den Orkney- und den Shetland-Inseln in das Nordseebecken ein und wird hier durch die von der Erdrotation verursachte Coriolis-Kraft (benannt nach dem französischen Physiker Gaspard Gustave de Coriolis, 1792 – 1843) so abgelenkt, dass sie zunächst an der ostenglischen Küste entlangläuft und erst bei der niederländischen Insel Texel auf die südliche Nordseeküste trifft. Von hier wandert sie entgegen dem Uhrzeigersinn an den West- und Ostfriesischen Inseln entlang und dann weiter nordwärts über die nordfriesisch-dänische Küste. Diese Gezeitenwelle ist somit eine typische Drehtide oder Amphidromie – ihr Drehpunkt liegt über dem östlichen Zipfel der Doggerbank auf 55° 25′ N und 05° 15′ O und damit rund 300 km nordwestlich von Helgoland. Man hat sie erst relativ spät im 20. Jahrhundert entdeckt und genauer charakterisiert. Für eine komplette Runde durch das Nordseebecken von Schottland bis Südnorwegen benötigt die Gezeitenwelle rund 16 Stunden.

Idealablauf einer Gezeit: Für die einzelnen Wasserstände sind besondere Fachbegriffe im Gebrauch. Das zugehörige in der Abbildung in Kürzeln verwendete Begriffsrepertoire erläutert die nachfolgende Tabelle:

Tabelle: Ein wenig Tidendeutsch – ein kurzer Überblick

Kürzel	Bezeichnung
SpThw	Springtidenhochwasser
MThw bzw. MHW	Mittlerer Hochwasserstand
MTnw bzw. MNW	Mittlerer Niedrigwasserstand
MW bzw. MTH	Mittelwasser bzw. mittlerer Tidenhub; rechnerischer Mittelwert zwischen MThw und MTnw
NThw	Nipptidenhochwasser
NHN	Nullfläche, auf die sich alle Höhenangaben einer Landkarte beziehen
NTnw	Nipptidenniedrigwasser
MTnw	Mitteltidenniedrigwasser
SpTnw	Springtidenniedrigwasser
SKN	Seekartennull, Bezugsgröße für die Tiefenangaben einer Seekarte
PNP	Pegelnullpunkt, liegt an den deutschen Nordseeküsten gewöhnlich 5 m unter NHN
WT	Tatsächliche Wassertiefe, Höhe der Wassersäule zwischen tidenbedingt unterschiedlichem aktuellen Wasserstand und dem Meeresboden

Die aus dem Nordatlantik in das Nordseebecken eintretende Silberrinnenwelle hat – wenn sie die schottischen Küsten erreicht – bereits ihrerseits ein gewisses Alter. Die im Südatlantik geformte Flutwelle legt bei einer Wellenge-

Bei Sturm sind die Molen ein extrem ungemütlicher Aufenthaltsort.

schwindigkeit von etwa 200 m/s an einem Tag rund 17000 km zurück – allerdings nur im offenen Ozean. Gelangt sie jedoch in seichtere Gewässer, wird sie deutlich abgebremst und erfährt weitere Störungen (Reflektion, Überlagerung mit Eigenschwingungen im Nordseebecken u. a.).
Daher kommt die Springtidenwelle mit etwas mehr als zwei Tagen Verspätung nach Voll- bzw. Neumond an unseren Küsten an. Bei Halbmond beträgt sie aus komplexen astronomischen Gründen dagegen etwas weniger, nämlich ziemlich exakt zwei Tage. Die Zeitdifferenz zwischen den auslösenden Gestirnkonstellationen und den tatsächlichen Eintrittzeiten nennt man Hafenzeit.
Ein anderer Teil dieser Gezeitenwelle tritt als Norwegische Welle nicht zwischen den schottischen Inselgruppen, sondern erst weiter östlich der Shetland-Inseln in das Nordseebecken. Sie überlagert sich mit der Silberrinnenwelle und bildet vor Südnorwegen (südwestlich von Stavanger) eine weitere Amphidromie aus. Silberrinnen- und Norwegische Welle treffen nun zeitlich so aufeinander, dass sich ihre Tidenwirkungen im Kontaktraum nahezu aufheben – an der dänischen Skagerrak-Küste liegt der Tidenhub daher nur bei wenigen Zentimetern und findet somit praktisch gar nicht statt. Im südwestlichen Nordseebecken bildet sich noch eine dritte Amphidromie aus: Hier trifft

Sturmereignisse liefern immer imposante Bilder: Der berühmte Helgoländer Fotograf Franz Schensky hielt diese Szene im Jahre 1905 fest. Mit freundlicher Erlaubnis des Fördervereins Museum Helgoland.

die den Ärmelkanal durchrauschende Gezeitenwelle auf die imposantere Silberrinnenwelle und wird von ihr im Gegenuhrzeigersinn abgelenkt. Ihr Drehpunkt liegt ungefähr in der Mitte der Linie Amsterdam–Ipswich.
Die für unsere heimische Küste bedeutsame Silberrinnenwelle erreicht bei Borkum die deutsche Nordseeküste und bewegt sich als Drehwelle weiter an Weser- und Elbmündung vorbei nach Norden. Für diesen Weg benötigt sie rund 3,5 h und verlagert sich dabei gegenüber dem offenen Ozean deutlich verlangsamt, nämlich nur noch mit rund 75 km/h. Die deutschen Küstenorte haben also niemals gleichzeitig Hoch- oder Niedrigwasser. Satellitenbilder, die das gesamte Watt der Deutschen Bucht bei Niedrigwasser darstellen, sind daher immer aus vielen Einzelaufnahmen per Computer zusammengesetzt. Wie die Gezeitenwelle täglich die Deutsche Bucht durchläuft, zeigt die folgende Tabelle für verschiedene Küstenorte. Die entsprechenden Zeitangaben sind diejenigen für den 1. März 2020:

Tabelle:
Hochwasser- (HW) und Niedrigwasserzeiten (NW) für ausgewählte deutsche Küstenorte – Beispielzeiten für den 1. März 2020. MTH = mittlerer Tidenhub

Küstenort	HW1	NW1	HW2	NW2	MTH (m)
Borkum	2:35	8:54	14:53	21:00	2,4
Norderney	3:04	9:20	15:22	21:37	2,5
Wangerooge	3:51	9:55	15:50	22:02	2,4
Bremerhaven	5:02	17:20	11:11	23:16	3,8
Cuxhaven	4:41	11:30	16:59	23:35	2,9
Hamburg	8:17	3:16	20:31	15:33	3,8
Helgoland	3:33	10:12	15:48	22:20	2,5
Büsum	4:25	10:35	16:37	22:40	3,2
Husum	5:33	11:50	17:45	23:45	3,5
List/Sylt	6:06	12:25	19:41	0:53	1,6

Quelle: Gezeitenkalender des Bundesamtes für Seeschifffahrt und Hydrographie (Hamburg) für das Jahr 2020

Die Tabelle zeigt eindrucksvoll die beachtliche Hydrodynamik, mit der die Silberrinnenwelle die Deutsche Bucht täglich zweimal durchrauscht. Außerdem ist ihr zu entnehmen, dass die jeweiligen Eintrittszeiten von Hoch- und Niedrigwasser jeweils unterschiedliche Zeitintervalle aufweisen. Dahinter verbergen sich komplexe astronomische und lokaltopographische Sachverhalte. So zeigt sich bei genauerem Vergleich der Eintrittszeiten vom jeweiligen Hoch- und Niedrigwasser, dass die Flut gegenüber der Idealkurve (Abb. 70) durchschnittlich nur 5 h 40 min beträgt, die Ebbe dagegen 6 h 45 min. Der in der obigen Abbildung als gleichförmige Sinusschwingung wiedergegebene Tidenablauf ist also bei Helgoland um rund eine Stunde deutlich asymmetrisch verzerrt. Der Helgoländer (mittlere) Tidenhub beträgt 2,38 m – das genügt, um die interessanten Lebensgemeinschaften auf den vorgelagerten Brandungsterrassen stundenlang an die freie Luft zu setzen. Extremere Wasserstände, vor allem hinsichtlich der Hochwasser, zeitigen natürlich die den Normalablauf einer Gezeit durch Windstau überlagernden Effekte: Eine normale Windflut wird man als Inselbesucher kaum bemerken, bei einer Sturmflut sieht das schon ganz anders aus, und erst recht setzt eine Orkanflut (zumal während der Springtidenzeiten) gewaltig eins drauf: Bei einer der schwersten Orkanfluten der jüngeren Zeit (am 16.02.1962) betrug der Windstau gar

Aber meist zeigen sich die Spülsäume deutlich moderater. Jetzt sind interessante Fundstücke möglich.

3,60 m und hat überall fürchterliche Schäden angerichtet. Andererseits können auch die Niedrigwasser deutlich unter die Normalwerte abfallen – wenn tagelanger Oststurm die Deutsche Bucht gleichsam leergefegt hat. Dann sind im Bereich der Düne sogar solche Schichtglieder der Oberen Kreide fußläufig erreichbar, die sonst nur dem tauchenden Forscher zugänglich sind.

Für das Verständnis des zweifellos komplexen Tidengeschehens ist eine wichtige Klärung zweier Begriffe notwendig, die normalerweise küstenfern lebenden Inselbewohnern so nicht unbedingt vertraut sind: Die Begriffe Ebbe und Flut bezeichnen jeweils *Zeiträume* im Tidenablauf und keine konkreten Wasserstände. Wenn sich die Wasserlinie an den Dünenstränden noch relativ weit draußen befindet und den individuenreichen Robbenkolonien wunderbare Liegeplätze bereitstellt, kann trotzdem schon der Flut-Zeitraum eingetreten sein. Umgekehrt befindet man sich eventuell schon in der Ebbezeit, wenn die Wellenzüge der Wasserlinie noch recht hoch am Strand plätschern. Über die Details im Tagesablauf informiert jeweils der aktuelle Tidenkalender. Auch an den Helgoländer Badestränden werden die badetouristisch relevanten Informationen während der Saison auf besonderen Tafeln an den Strandzugängen täglich aktualisiert.

Für genaue Beobachter bzw. Kundige gibt es noch ein anderes aufschlussreiches Signal – nämlich die „Blickrichtung" der Tonnen auf der Helgoländer Reede zwischen Hauptinsel und Düne: Weisen die Spitzen nach SE, läuft hier gerade der Ebbstrom durch. Bei Neigungsrichtung nach NW beherrscht da-

Zeitweilig hält sich die Nordsee portionsweise in der Luft auf.

gegen der Flutstrom die Szene. Außerdem muss beim genauen Hinsehen auffallen, dass die sommerlich verkehrenden Fahrgastschiffe auf der Helgoländer Reede immer so verankert werden, dass sie sich beim Tidenwechsel frei um die Ankerkette drehen können und mit dem Bug immer gegen den jeweiligen Tidenwasserstrom weisen. Gezeitenströme zwischen beiden Inseln sind übrigens beträchtlich – sie bewegen sich mit etwa 0,8 m/s. Da kann auch ein geübter Schwimmer nicht gegenhalten und aus diesem Grunde ist es mit Recht untersagt, die Distanz von der Hauptinsel zur Düne schwimmend zurücklegen zu wollen. Nur wenn der Gezeitenstrom kentert und damit für nur wenige Minuten am Meeresgrund Strömungsruhe herrscht, können sich hier die besonders gesicherten Forschungstaucher der Biologischen Anstalt Helgoland (BAH im Alfred-Wegener-Institut) gefahrlos bewegen.

Einige Daten zum Helgoländer Klima

Für den Inselbesucher besonders bewegend ist verständlicherweise die Frage nach dem Inselklima. Übereinstimmend geben alle seriösen Klimadiagramme sowie die offiziellen Übersichten (etwa vom Deutschen Wetterdienst) an, dass man auf der Insel im Winterhalbjahr eine Durchschnittstemperatur von 6,4 °C (langjähriges Mittel) erlebt. Helgoland gehört damit zu den wintermildesten Orten in Deutschland und übertrifft damit sogar die sonst in diesem Kontext gerne zitierten Weinbauregionen. Ganz selten er-

lebt man die Insel verschneit. Der kälteste Monat ist jeweils der Februar – hier bewegen sich die mittleren Temperaturmaxima bei 3,3 °C, die mittleren Temperaturminima bei 0,5 °C. Aus den monatlichen Temperaturmittelwerten errechnet sich eine Jahresdurchschnittstemperatur von rund 9 °C – auch dieser Wert stellt angenehme Wohlfühlbedingungen in Aussicht. Selbst die allgemein wärmsten Sommermonate lassen mit durchschnittlich 17,7 °C (Juli) bzw. 18,4 °C (August) keinen besonderen Klimastress erwarten.
Für die marine Umwelt der Insel sind natürlich die Seewassertemperaturen von besonderem Belang. Das entsprechende (durchschnittliche) Jahresprofil für die letzten Jahre zeigt die beigefügte Abbildung.
Im saisonalen Ablauf erreicht das Nordseewasser bei Helgoland seine tiefsten Jahreswerte Ende Februar/Anfang März. Das Frühjahr beginnt in den marinen Lebensräumen auf dem Helgoländer Felssockel erst ziemlich zögerlich ab Ende April, nimmt dann aber rasch Fahrt auf und erreicht ein jährliches Maximum in den Sommermonaten. Synchron mit der zunehmenden Wassertemperatur und der ab Frühjahr deutlich höher stehenden Sonne (mit dann wesentlich besserer Durchlichtung der oberen Wasserschichten) kommen die für die nachgeschalteten marinen Nahrungsketten extrem wichtigen Entwicklungsschübe des Planktons in Gang – jener unglaublich vielgestaltigen Welt aus Klein- bis Kleinstorganismen, die Pioniere wie Victor Hensen (1835 –

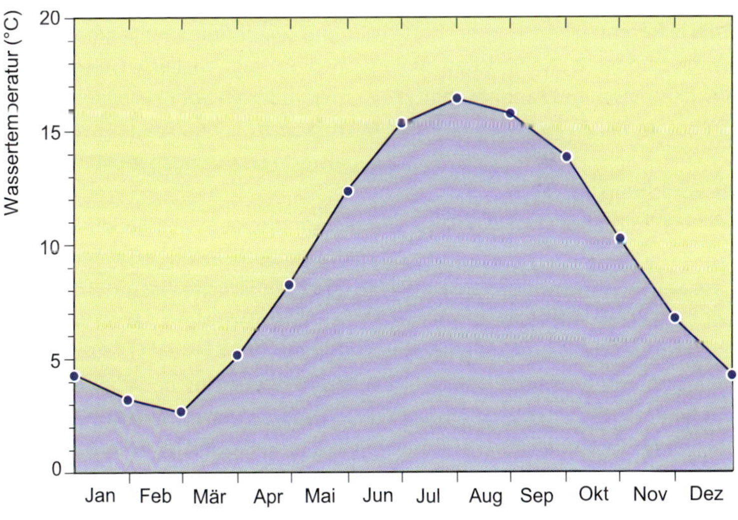

Jahresgang der durchschnittlichen Wassertemperatur bei Helgoland in 0,5 m Wassertiefe
(zusammengestellt nach verschiedenen Datenquellen)

Helgoland im Schnee ist ein durchaus seltenes Ereignis – die Insel gehört immerhin zu den wärmsten Orten in Deutschland.

1924) sowie Ernst Haeckel (1834 – 1919) übrigens erst gegen Ende des 19. Jahrhunderts entdeckt und seither – gerade auch auf Helgoland – systematisch erforscht haben. Haeckel hatte während seiner Aufenthalte an der 1892 neugegründeten „Königlichen Biologischen Anstalt" vielfach Gelegenheit, ein dichtmaschiges Fangnetz hinter einem geruderten Boot herzuziehen und die gesammelten Proben unter dem Mikroskop zu untersuchen. Fast täglich schrieb er an seine Verlobte in Berlin begeisterte Erfahrungsberichte aus dieser Forschung.

Seit 1962 arbeitet vor Helgoland eine automatische Messboje, die laufend Wassertemperatur, Salzgehalt und andere klimatisch wichtige Größen registriert. Seit ihrer Inbetriebnahme stieg die durchschnittliche Wassertemperatur um 1,7 °C – für „Klimakatastrophiker" ein schrilles Alarmsignal. Aber: Was viele überhaupt nicht wissen oder kennen, ist die erst 1994 entdeckte Atlantische Multidekaden-Oszillation (AMO) – ein Temperaturzyklus im Atlantikwasser mit einer Periodenlänge von etwa 60 – 75 Jahren. Ihr entspricht mit ähnlichen Periodenlängen auch ein analoger Zyklus im Pazifik (PMO) mit etwa 20 Jahren Zeitversetzung. Die in den letzten Jahren registrierte Zunahme der Wassertemperaturen in der Nordsee ist demnach kein anthropogener Effekt der häufig beschworenen Klimaveränderung(en), sondern Bestandteil natürlicher, wenngleich noch nicht besonders gut erklärbarer Schwankungen. Seit den späten 1990er-Jahren befinden wir uns in einer positiven Phase des

Die sommerlichen Wassertemperaturen lösen gelegentlich heftige Plankton-entwicklungen aus – hier eine massive Ansammlung des Meeresleuchttierchens Noctiluca im Südhafen.

AMO-Zyklus, die demnach nächstens auch wieder abklingen wird. Eng mit dem AMO-Zyklus korrelieren die Sommertemperaturen in Deutschland – die haben, mit erheblichen Sprüngen in den Durchschnittskurven, in den 1990-er Jahren ebenfalls zugenommen, aber zwischen etwa 1960 und 1990 gab es – mit gelegentlichen Ausreißern – eine eher kühle Phase, bei der sich die durchschnittlichen Sommertemperaturen bei etwa 16 °C bewegten. Eine frühere warmgetönte und vergleichbare AMO-Phase gab es zwischen etwa 1930 und den späten 1960er Jahren und eine noch frühere kurz nach der vorletzten Jahrhundertwende. Details zu solchen neueren und zweifellos faszinierenden Erkenntnissen der Klimaschwankungen, die sicherlich keine Menetekel sind, kann man bei Vahrenholt und Lüning (2020) nachlesen.

Einer der jüngeren Neubürger der Inselflora: Der von westatlantischen Küsten stammende Meerfenchel hat sich an vielen Stellen prächtig entwickelt.

Aus der Inselflora

Die Blütenpflanzen einer küstenfernen Insel sind schon allein wegen ihrer ausbreitungstechnischen Eigenheiten ungewöhnlich interessant, zumal bei zwei so relativ küstenfernen Inseln wie Helgoland und der Düne. Insofern darf man davon ausgehen, dass sich das aktuelle Pflanzenkleid aus vielerlei Herkünften zusammensetzt – manche Arten mögen autochthon und schon immer im Gebiet vorhanden gewesen sein. Andere haben eventuell die jährlich zahlreich auf der Insel einfallenden Vögel als anhaftende Diasporen im Gefieder oder an den Füßen mitgebracht. Auch die Meeresströmungen, die Helgoland vor allem aus westlicher Richtung erreichen, sind erwiesenermaßen eine ergiebige Quelle von Ausbreitungseinheiten aus anderen Küstenregionen. Und schließlich hat auch der Mensch überall kräftig nachgeholfen – durch gezielte Anpflanzung im Zuge gärtnerischer Gestaltungsvorhaben bzw. durch unabsichtliche Verschleppung: Immerhin sind für die verschiedenen älteren und jüngeren Bauvorhaben vor allem für die Inselsicherung beträchtliche Mengen an Lockermaterial von festländischen Herkünften importiert worden und diese weisen bekanntermaßen immer ein erstaunliches Diasporendepot von Früchten bzw. Samen auf. Von einer natürlichen Flora bzw. Vegetation Helgolands kann man daher schlechterdings überhaupt nicht sprechen. Zu berücksichtigen ist dabei natürlich auch, dass die Pflanzenwelt bei der versuchten Inselsprengung durch die britische Marine (1947) und die Dauerbombardements durch die Royal Airforce (bis 1952) gleichsam auf Null gesetzt wurde: Außer einer spärlichen Grasnarbe sind auf frühen Luftaufnahmen der fürchterlichen Inselzerstörungen nur zerwühlter Boden und Berge von Trümmerschutt zu erkennen. Die Restitution der heute erlebbaren und durchaus spannenden Inselflora begann also gleichsam synchron mit dem Ende der Bombenabwürfe (1952) bzw. mit dem Wiederaufbau ab 1955. Und entsprechend der tradierten Einsicht „Die Natur heilt alles" (*Natura curat omnia*) haben sich überall auf den beiden Inseln erlebniswerte und überraschend vielfältige Artenensembles eingefunden, die auch die heftigsten Wunden der Vergangenheit angenehm überkleiden.

Eine Besonderheit ersten Ranges: Die Wilde Rübe (Strand-Rübe) hat auf Helgoland ihr einziges Vorkommen in Deutschland.

Eine aktuelle und vorbildlich gepflegte Florenliste Helgolands (zusammengestellt von Dieter Theisinger, zuletzt konsultierter Stand 2020) umfasst etliche hundert Spezies mit allen bisher erfassten Vorkommen – man kann sie auf der Website der Naturhistorischen Gesellschaft Nürnberg (www.nhg-nuernberg.de) einsehen und auch als pdf herunterladen.

Von Natur aus würden der terrestrischen Flora auf Helgoland nur vergleichsweise kleine Flächen zur Verfügung stehen – neben der flach geneigten Pultfäche des wohl immer gehölzfreien Oberlandes hier und da einzelne Gesimse der steil abfallenden Westklippe sowie eine Sandfläche, die sich im Strömungsschatten der Felsbarre entwickelt hatte und schließlich zur Keimzelle der Unterland-Siedlung wurde. Die insgesamt von Landpflanzen besiedelbare Fläche dürfte 50 – 70 ha kaum überschritten haben. Erst mit dem mehrmaligen Ausbau Helgolands zur vorgelagerten Seefestung in der Deutschen Bucht haben die verfügbaren Wuchsplätze enorm zugenommen. Besonders in die Zeit nach 1942 fallen erhebliche Landgewinne durch die Aufspülung

Vom Meerkohl gibt es bislang auf Helgoland nur wenige Wuchsplätze, aber er wird in naher Zukunft sicher häufiger.

des ausgedehnten Südhafen- und des Nordostgeländes. Auch auf der Düne vollzog sich eine ähnliche Entwicklung, nachdem dort Molen- bzw. Uferschutzmauern errichtet und umfangreiche Sandaufspülungen (auch für die Anlage des Flugplatzes) vorgenommen wurden.

Das aktuell erlebbare Pflanzenbild ist bei genauerem Hinsehen demnach eine kunterbunte, allerdings keineswegs uninteressante Mischung von höchst verschiedenen Herkünften. Immerhin sind für Helgoland (einschließlich der Düne) rund 300 verschiedene (und unterdessen minutiös dokumentierte) Blütenpflanzenarten nachgewiesen. Diese kann man aktuell zwar nicht allesamt (gleichzeitig) erleben, aber ein solches Artenaufkommen ist schon recht beträchtlich. An einem floristisch ergiebigen Wochenende zum Höhepunkt der Blühsaison im Sommer sind immerhin etwa 200 verschiedene Arten zu finden. Auch das sind zweifellos deutlich mehr, als sie selbst ein durchschnittlich trainierter Naturfreund erkennen und benennen kann. Eine Komplettübersicht über den derzeitigen Florenbestand kann dieses Kapitel aus verständlichen Gründen nicht bieten.

Nur ein paar Besonderheiten

Beginnen und beschränken wir daher unsere kleine Umschau mit einigen besonderen Arten, die man in Deutschland nur auf Helgoland bestaunen kann – sie besetzen hier gleichsam den nordöstlichsten Vorposten ihrer Verbreitung in Europa. Herausragende Spezies dieser Artengruppe ist die Wilde Rübe (*Beta maritima*), die mit ihren dunkelgrünen und leicht sukkulenten Rosettenblättern im Spülsaum sowie in den Schuttfächern nahe der Langen Anna zu finden ist. Diese Pflanze ist bemerkenswerterweise die wildwachsende Stammart wichtiger Kulturpflanzen, nämlich Mangold, Rote Bete, Runkel- sowie Zuckerrübe. Wie alle ihre Verwandten aus der Familie der Gänsefußgewächse (Chenopodiaceae) gibt sie im Erscheinungsbild ihres reich bestückten und stark verzweigten Blütenstandes nicht viel her – sie ist nämlich wind-

Der Klippen-Kohl ist zur Blütezeit im Frühsommer eine schmucke Zutat zur Inselflora und geradezu Helgolands Charakterpflanze.

blütig, verzichtet daher auf eine blütenkosmetisch auffälligere Ausgestaltung und ist insofern nicht unbedingt ein attraktiver Hingucker, aber eine – schon allein aus kulturhistorischen Gründen – äußerst bemerkenswerte Art.

Das Erscheinungsbild einer zweiten charakteristischen Blütenpflanze Helgolands stellt sich dagegen völlig anders dar: Bei den Einheimischen und den Inselbesuchern gleichermaßen beliebt ist der Klippen-Kohl (*Brassica oleracea*). Im Frühsommer taucht er nicht nur die Klippensäume, sondern auch Wegränder und sonstige vernachlässigte Wuchsplätze in ein äußerst üppiges Hellgelb seiner großen Blütenstände. Auch diese Art nimmt im übrigen Europa im Wesentlichen ein submediterran-atlantisches Verbreitungsgebiet ein und gilt – mit dem einzigen Vorkommen in Deutschland auf Helgoland – als Stammpflanze aller heute bekannten Varietäten und Unterarten von Kohlgemüse. Den allseits geschätzten und auch auf Erinnerungsfotos immer gerne festgehaltenen Klippen-Kohl könnte man geradezu als Helgolands Charakterpflanze bezeichnen. Bei Kulturpflanzengenetikern sind allerdings leise Zweifel darüber aufgetaucht, ob er wirklich reinerbig ist oder möglicherweise das Kreuzungsergebnis mit angebauten Kultursorten aus den früheren Gärten auf dem Oberland. Auffällig ist nämlich, im Unterschied etwa zu den Exemplaren von der französischen Kanal- und Atlantikküste, seine bemerkenswert

Klippen-Kohl gedeiht fast überall – sogar zwischen den abgestellten Hummerkörben.

robuste Wuchsgestalt (mit leicht verholzter Basis) sowie die stark blaugrüne Belaubung – Merkmale, welche die atlantisch verbreiteten Exemplare so nicht aufweisen.

Eine mit dem Klippen-Kohl nahe verwandte Art ist der Meerkohl (*Crambe maritima*). Nach botanischen Angaben aus dem 19. Jahrhundert war diese Spezies früher auf Helgoland (im Bereich der Spritzwasserzone) nicht unbedingt selten und wurde wohl auch kulinarisch genutzt, blieb aber in der Nachkriegszeit lange Zeit vermisst. Größere Vorkommen gibt es bis heute nicht wieder – bislang lediglich ein kleineres, wohl erst Anfang dieses Jahrhunderts durch Spontanansiedlung begründetes Vorkommen mit wenigen Pflanzen direkt hinter der (gesperrten) Uferschutzmauer vor der Westklippe sowie am Fuß der Langen Anna. Die Art besitzt allerdings ein gutes Ausbreitungspotenzial und könnte sich künftig weitere Wuchsplätze auf der Insel erobern. Zu sehen ist sie derzeit nur per Fernglas vom Klippenrandweg aus.

Eine interessante Neuheit für die Helgoländer Flora – und eine bislang für Deutschland nur hier nachgewiesene Art – ist der Meerfenchel (*Crithmum maritimum*). Den zerriebenen dicklichen Blättern entströmt tatsächlich ein angenehmes und deutlich an Gemüse- bzw. Gewürzfenchel erinnerndes Aroma. Die Art wurde erst kurz vor der letzten Jahrhundertwende im Bereich des Kringels entdeckt und hat sich unterdessen weite Bereiche erobert – nicht nur am ursprünglichen Fundort, sondern auch in der dortigen Wellenbrecheranlage, in den angrenzenden Buntsandsteinfelsen sowie im Südhafengelände. Ihr Hauptverbreitungsgebiet sind der Mittelmeerraum und die Küstensäume entlang des westlichen Ärmelkanals. Gerade von hier mag die Besiedlung mit verdrifteten keimfähigen Diasporen seinerzeit ausgegangen sein.

Der Echte Steinklee war während der britischen Bombardierung die häufigste Blütenpflanze auf den Trümmerfluren.

Der weitaus größte Teil der derzeitigen Helgoländer Flora setzt sich in seinen aspektbildenden Komponenten aus Pflanzenarten zusammen, die im weitesten Sinne als Anthropochore (= im Gefolge menschlicher Siedlungs- bzw. Wirtschaftstätigkeit verschleppte Spezies) zu bezeichnen sind. Entsprechend verarmt ist der Inselraum an wirklich natürlichen Pflanzengesellschaften, worüber der zeitweilig reiche und durchweg erlebniswerte Blütenflor in allen Inselbereichen gewiss hinwegtäuscht. Auch die am Klippenrandweg im Sommer mengenweise blühenden Bestände der Pfeilkresse (*Cardaria draba*) sind hier nicht autochthon – sie wurden angesät, um das Lockermaterial am Klippenrand zu befestigen und widerstehen wegen ihres scharfen Geschmacks sogar weitgehend dem Zubiss der auf dem Oberland weidenden Schafe. Bemerkenswert attraktiv sind zur Blütezeit die stellenweise eingestreuten Bestände der Steinklee-Wegwarten-Flur, vor allem im Bereich des Mittellandes und an den ostseitigen Klippenhängen. Die Helgoländer Exemplare der meist prächtig entwickelten Wegwarte (*Cichorium intybus*) sehen wesentlich üppiger aus als von Festlandstandorten vertraute Pflanzen, weswegen unter Fachleuten die Vermutung auftauchte, es handele sich um gartenflüchtige Nachkommen früher angepflanzter Zichorien oder um deren Kreuzungsbastarde mit der Wildform.

Auffällig nur zur Blütezeit – die hübsche und angenehm duftende Meerstrandkamille

Auf weiten Strecken im Inselraum beherrschen Bestände der aus Ostasien stammenden Runzel- oder Kartoffel-Rose (*Rosa rugosa*) die Szene – eine zweifellos äußerst attraktive Art, die von der heimischen Tierwelt gerne angenommen wird. Oft wird sie auch als Dünenrose bezeichnet, doch ist sie von der wirklichen Dünen- oder Bibernell-Rose (*Rosa pimpinellifolia*) grundverschieden. Letztere Art ist weißblütig und entwickelt zur Fruchtzeit schwarze Hagebutten. Sie kommt vielfach im Nordostgelände vor. Hier finden sich auch individuenreiche Bestände des Sanddorns (*Hippophae rhamnoides*).
Besonders erwähnenswert erscheint das unterdessen über 200-jährige Exemplar eines Schwarzen Maulbeerbaums (*Morus nigra*) auf dem Oberland. Der seinerzeit auf Helgoland tätige Pastor C. Iwersen hat ihn im Jahre 1814 am Rande seines Pastoratsgartens gepflanzt. Die heftigen Bombardements 1945–1952 haben auch diesen Baum schwer beschädigt, aber aus dem umgestürzten Stamm sprossen neue Triebe und haben sich unterdessen wieder zu einem prächtigen Individuum entwickelt.

An salzbelasteten Stellen findet sich immer das betont kleinblättrige Strand-Milchkraut ein.

Paradies ohne Apfelbaum?

Ein besonderes und für Helgoland geradezu inseltypisches Spezifikum darf hier nicht unerwähnt bleiben: Der heute nur noch wenig gelesene bzw. fast vergessene Berliner Autor Friedrich Wilhelm Lehmann veröffentlichte im Jahre 1965 unter dem Titel „Paradies ohne Apfelbaum" eine recht sympathische „Liebeserklärung an Helgoland". Zur Entstehungszeit dieser nach wie vor lesenswerten Publikation war es um die Apfelbäume auf der Felseninsel offenbar mager bestellt. Jedenfalls sind dem Autor offenbar keine erwähnenswerten Exemplare aufgefallen, was ihn zur Titelwahl seines Buches veranlasst haben mag.

Jedoch: Es gibt heute auf Helgoland definitiv nicht wenige Vertreter des Kultur-Apfelbaums (*Malus domestica*). Nur sehen diese meist völlig anders aus, als man sie aus den Obstgärten auf dem Festland kennt: Sie wachsen hier fast ausschließlich als kniehohe und höchstens knapp 2 m hohe, aber ziemlich breite Sträucher. In dieser für die Art eher ungewöhnlichen Abmessung und Wuchsform sind sie als Vertreter von *Malus domestica* kaum zu erkennen und werden so auch nicht weiter wahrgenommen, wie eine kleine

Helgolands Apfelbäume wachsen aus Gründen der stetigen Windbelastung meist nur strauchförmig.

Stichprobenbefragung von Helgolandbesuchern ergab. An ihren Standorten, vor allem im NO-Gelände zwischen Wilhelm-Mielck-Haus, Sportplatz und Meerwasser-Entsalzungsanlage sowie am Süderfalm in Höhe des Mittellandes zeigen sie zudem alle Kennzeichen einer kräftigen, häufigen und wohl auch recht wirksamen Windschur: Die obersten Zweigenden sind durch die starke Windbelastung fast immer vertrocknet und abgestorben, sodass sich die Sträucher jeweils aus tiefer oder weiter im Kroneninneren liegenden Seitenknospen erneuern. Das führt zu erstaunlich dichten, extrem flachkronigen Strauchgestalten, die auf den ersten Blick keinerlei Anklänge an das Aussehen eines typischen Apfelbaums oder selbst einer in Plantagen verwendeten Niederstamm-Sorte aufweisen. Insofern stellen sie aus botanisch-gärtnerischer Sicht eine echte Rarität und ein wirkliches Helgoland-Spezifikum dar. Im Wuchsbild ähnliche wildwachsende Birn"sträucher" (*Pyrus communis*) gibt es auf Helgoland auch, aber nur sehr wenige.
Bemerkenswert und womöglich verräterisch sind die aktuellen Wuchsplätze der Helgoländer Apfelsträucher: Sie flankieren im NO-Gelände und am Falm überwiegend die stark begangenen Hauptspazierwege. Weil sie hier gewiss nicht gezielt angepflanzt wurden, drängt sich folgender Verdacht auf: Es handelt sich bei den Helgoländer Apfelsträuchern offenbar um Exemplare, die

Der Strand-Wegerich gedeiht auf Helgoland sogar an den seeseitigen Abhängen des Mittellandes.

aus den Apfelkernen weggeworfener Kerngehäuse aufgekeimt sind. Dafür spricht auch die Beobachtung, dass die Apfelsträucher ein breites, aber vorerst noch nicht näher bestimmbares Sortenspektrum umfassen: Neben Exemplaren mit grasgrünen oder gelblichen finden sich auch solche mit besonders appetitlich aussehenden rotbackigen Äpfeln. Auf der Düne sind bislang keine flachwüchsigen Apfel- und Birn"bäume" aufgefallen, obwohl auch dort gelegentlich sicherlich Fruchtreste weggeworfen werden. Im NO-Gelände befinden sich verräterische Exemplare vor allem in denjenigen Bereichen am Weg von der Jugendherberge in Richtung Ortsmitte, bis wohin die zur Versorgung der jungen Herbergsgäste bereitgestellten Äpfel längstens aufgezehrt waren. Allerdings gibt es in windschattigen Bereichen (so beispielsweise beim Stationsgebäude der Biologischen Anstalt Helgoland (BAH, Haus C) einzelne normalwüchsige Apfelbäume.

Die ganz kleine Welt der Halophyten

Normalerweise ist Salz für eine gewöhnliche Landpflanze ziemlich giftig oder sogar tödlich – die arg geschädigten bis eingepökelten Bäume an Straßen, die im Winter mit Auftausalzen behandelt werden, sind ein deutlicher Hin-

Überall an den Sandstränden der beiden Inseln findet sich auch der Meersenf.

weis. Die Salzwiesen-Pflanzen an der Küste werden dagegen mit der ständigen Salzbelastung bewundernswert fertig. Wegen ihres kompetenten physiologischen Umgangs mit dem Stressfaktor Salz bezeichnet man sie in der Ökologie als Halophyten. Sie stellen in ihrer Gesamtheit eine überaus interessante Artengruppe dar und auch auf Helgoland sind sie mit einem gewissen Artenanteil vertreten.

Während sich im Wattbereich der Nordseeküste nach Lage und Entstehung im Wesentlichen mehrere Typen von Salzwiesen unterscheiden lassen, fehlen deren Vegetationseinheiten auf Helgoland weitgehend, weil es keine entsprechenden Standorte gibt – schlickige Marschböden sind, wenn überhaupt, nur sehr kleinräumig entwickelt. Daher kann man auf Helgoland auch nicht die in Abhängigkeit von Tidenniveau und Küstenexposition gewöhnlich in gürtelartig angeordneten Zonen bzw. Gesellschaften auftretenden Artenensembles einer typischen Salzwiese beobachten. Aber einige ihrer kennzeichnenden Arten sind in der Flora Helgolands dennoch vertreten – wenn auch in einem weitgehend ungeordneten und eher mosaikartig zusammengesetzten Artenmix. Diese wegen ihrer ganz ungewöhnlichen Ökologie dennoch faszinierenden Artenensembles fanden sich relativ kleinflächig – und bislang gut zugänglich – nur im Bereich der heutigen Südwestecke des aufragenden Buntsandsteinblocks am Kringel und in Teilbereichen des Südhafens. Eine klare Zonierung ist hier im Unterschied zu den sonstigen vollentwickelten Salzwiesen allerdings nicht erkennbar. Man könnte diese ehemaligen Wuchsplätze deswegen eher als stark ruderal beeinflusst bezeichnen, denn hier sind während der zurückliegenden Jahre etliche, die Pflanzendecke stark beeinträchtigende Baumaßnahmen über die Fläche gegangen. Ihre bodenimprägnierenden Salzfrachten erhalten sie vor allem im Winterhalbjahr während der dann nicht gerade seltenen Sturmlagen aus westlichen Richtungen, welche die viele Meter hochreichenden Gischtfahnen der an die Schutzmauer klatschenden Brecher weit ins Lee tragen.

Das Nordostgelände ist eines der botanisch interessantesten Teilareale der Insel. Links im Bild eine der beiden unterdessen artenreich bewachsenen Schutthalden, unter der sich die Trümmer des zerbombten Oberlandes befinden.

Die zwar kleine, aber hinsichtlich ihres Artenaufkommens bemerkenswerte Halophytenflur am Kringel ist durch die neuerliche massive Ablagerung von Aushub und Bauschutt wohl für längere Zeit zerstört – ein erschreckendes Beispiel für eine unbedachte und rücksichtslose Vernichtung einer ökologisch besonders wertvollen Freifläche – ein für Helgoland leider keineswegs erstmaliger Vorgang. Ob sich auf der neuen Überdeckung wieder ein ansehnlicher Bewuchs durch Interessante Blütenpflanzen einfinden wird, ist eher ungewiss. Einzelne Arten werden auf den benachbarten Felssimsen überdauern, darunter die für marin beeinflusste Ruderalstandorte typische und daher nicht unbedingt der Salzwiese angehörige Strandkamille (*Tripleurospermum maritimum*) mit besonders großen und ebenso leuchtenden Blütenköpfen. Man wird außerhalb des derzeit gesperrten Kringels an anderer Stelle auf Arten aus der sonst küstentypischen höheren Salzwiese achten müssen, beispielsweise auf Einzelexemplare vom Strand-Wermut (*Artemisia maritima*), der schon allein durch seine ungewöhnliche silbergraue Färbung auffällt und schon beim leichten Anreiben geradezu unglaublich aromatisch duftet. Seine küstentypische Begleitart Strand-Salzmelde (*Atriplex* [*Halimione*] *portulacoides*) könnte ebenfalls irgendwo wieder auftreten – ein Halbstrauch und damit

Zu den salzliebenden Blütenpflanzen gehört auch der Krähenfuß-Wegerich.

sonst das einzige halophile Holzgewächs im Vorlandbereich. Er vertritt hier somit eine Pflanzenformation, die an tropischen Küsten die ausgedehnten Mangrovengürtel bildet. Weitere interessante Salzpflanzen waren hier Salz-Schuppenmiere (*Spergularia salina*) sowie Strand-Milchkraut (*Glaux maritima*) neben Einzelexemplaren von Strand-Wegerich (*Plantago maritima*) und dem nicht seltenen Krähenfuß-Wegerich (*Plantago coronopus*). Die für die friesische Inselwelt und auch für die Halligen im spätsommerlichen Blühaspekt so überaus auffälligen und kennzeichnenden Arten Salz-Aster (*Aster tripolium = Tripolium pannonicum*) und Strandflieder (*Limonium vulgare*) fehlen der aktuellen Helgoländer Flora – für diese interessanten Arten stehen im Inselraum eben keine geeigneten Habitate zur Verfügung.

Salz laden und wieder löschen

Meerwasser weist hinsichtlich seiner Hauptkomponenten eine weitgehend konstante Salzkonzentration auf. Jeder Flutwasserstand oder die über die schützenden Molen hinweggehenden Brecherfolgen imprägnieren den Boden am Standort der Salzpflanzen mit gelösten Ionen. Wasserverdunstung während der Ebbezeit kann den relativen Ionengehalt im Boden zusätzlich erhöhen.

Aus dem Kleingartenland entflohen: Die vermutlich aus Ostasien stammende Schöne Zaunwinde

Nun kann Wasser als Lösemittel aus physikalischen Gründen grundsätzlich immer nur von einem Ort niedriger zu einem mit höherer Konzentration fließen. Wenn nun die Salzpflanzen überhaupt kein Salz aufnähmen, würde ihnen der Boden an ihrem Wuchsplatz auch noch den letzten Rest an Wasser entziehen – und das wäre natürlich ihr jähes Ende. Daher nehmen die hier siedelnden Pflanzen tatsächlich mengenweise Meersalz aus der Bodenlösung auf und weisen sogar jeweils eine geringfügig höhere Konzentration auf als ihr Wurzelraum. Nur um den Preis eines massiven Ionenimports aus der Bodenwasserlösung ist ihnen die Wasseraufnahme zur Aufrechterhaltung des eigenen Zellstoffwechsels möglich – die Pflanzen konkurrieren sozusagen mit ihrem jeweiligen Salzstandort auf osmotischem Wege um das verfügbare Wasser. Damit stellen sich allerdings gewisse Probleme ein, weil (auch) Meersalz in großer Menge selbst für Salzpflanzen giftig ist. Zur Bewältigung der hohen Salz(ionen)konzentrationen in ihren Zellen und Geweben haben die Halophyten alternativ zwei unterschiedliche Strategien gekoppelt: Manche Arten schaffen im Laufe der Vegetationsperiode zusätzlichen Speicherraum für die mit den internen Wasserströmen aufsteigenden Salzfrachten bei gleichzeitiger Einschränkung ihres Wasserverbrauchs durch Transpiration – sie werden eben betont dickblättrig (sukkulent). In den Pflanzengürteln

Ein Alien aus dem Mittelmeergebiet: Die Rote Spornblume ist unterdessen an vielen atlantischen Küsten beheimatet. Die blühstarke Art passt hervorragend auch zu Helgoland.

der küstentypischen Salzwiesen nimmt das Blattflächen-/Volumen-Verhältnis steigender Salzbelastung von Keilmelde und Salz-Aster über Strand-Wegerich, Strand-Sode und Salz-Spörgel bis hin zur faktischen Stammsukkulenz der Queller-Formen stetig ab. Einjährige Arten (Therophyten) wie Queller, Spörgel und Sode befrachten sich bei moderatem Wasserumsatz jeweils nur bis zum Ende der Vegetationsperiode mit Salz und sterben dann ab – eventuell mit eindrucksvollem Farbfinale. Mehrjährige Arten, wie die Rosettenpflanzen vom Typ Salz-Aster, Strand-Wegerich und Dreizack, werfen die mit Salz gesättigten Blattorgane während der Wachstumssaison ab und stellen mit neu angelegten Blattorganen weiteren Stauraum zur Verfügung.

Statt ständig Salz einzuspeichern, können manche mehrjährigen Halophyten ihre Salzladung auch wieder löschen: Absalzende Drüsen kommen in den Blättern von Milchkraut, Strandflieder und Strandnelke vor. Sie bestehen aus einem meist mehrzelligen Apparat, dessen Exkretionszellen die Cl^--Ionen energieabhängig ausschleusen und die Na+-Ionen elektrochemisch nachströmen lassen. Niederschlagswasser entfernt die an der Blattoberfläche kristallin deponierten Salze. Analog arbeiten die Absalzhaare vieler Vertreter der Amaranthaceae (früher: Chenopodiaceae), beispielsweise von der Keilmelde.

Hier erfolgt die Salzdeponierung ebenfalls energieabhängig in der Zentralvakuole einer endständigen Blasenzelle, die schließlich platzt und ihre Salzfüllung freisetzt oder zusammen mit ihrer Stielzelle abbricht.

Auch die Düne ist ganz anders

Die der roten Hauptinsel benachbarte Düneninsel, auf Helgoland gewöhnlich kurz „Düne" genannt, ist in ihrer heutigen Gestalt ein Produkt des mittleren 20. Jahrhunderts. Nachdem die letzten Muschelkalk- bzw. Kreideklippen im frühen 18. Jahrhundert nach Gesteinsabbau bzw. Sturmflutereignissen verlorengingen, hat erst im Wesentlichen der militärische Ausbau nach 1933 der Düne ihre heutige Kontur verliehen. Sie trägt ihre Bezeichnung dennoch zu Recht: Die Natur hat in der Folge der massiven Sandaufspülungen zurückliegender Jahrzehnte vor allem an der Nord- und auch der Südflanke dem Erscheinungsbild kräftig auf die Sprünge geholfen. Insofern ist die „Düne" in wesentlichen Erlebnisteilen wirklich eine solche. Kontinuierliche Sandanlieferungen aus dem marinen Umland leisten ihr Übriges.
Dünen sind immer Sande in Serie. Üblicherweise lässt sich an den Luvseiten der Nordseeinseln eine kontiniuerliche Entwicklung vom Weißdünen- bis

Die Kriech-Weide, eine Kennart der Braundüne, gedeiht prächtig im Nordwestgelände.

Hier finden sich auch üppige Bestände der oft fälschlich als Dünenrose bezeichneten Art: Die Runzelblättrige Rose stammt aus Nordostasien.

zum Braundünenstadium mit einer charakteristischen Vegetationsabfolge beobachten. Die Helgoländer Düne ist indessen über das Weißdünen-Stadium (noch) nicht nennenswert hinausgekommen. Der tagsüber fast immer auflandig wehende Wind trocknet den Strand an der Oberfläche unbarmherzig aus und hat dann in der Folge ein ziemlich leichtes Spiel mit den gewöhnlich feinen bis sehr feinen Sandkörnern. Geradezu tütenweise treibt er diese vor sich her und schüttet sie am oberen Strand in flachen, zunächst kaum auffälligen Wällen auf. Haben sich solche ersten Sandhügel erst einmal spontan aufgeschichtet, sind auch schon bald die ersten Landpflanzen zur Stelle: Graugrüne Strandquecken (*Elytrigia atherica*), hier und da ein hell-lila und meist sehr reich blühender Meersenf (*Cakile maritima*) und meist auch Mengen etwas bleichgrüner Strandmieren (*Honckenya peploides*) teilen sich den ausgesprochen windigen St(r)andort, der sich in jeder Hinsicht durch ausgesprochen lockere Verhältnisse auszeichnet.

Gerade (und nur) der Wind hält bei trockenem Wetter die Sandlieferung von unten (von der Wasserlinie) ständig und zuverlässig in Gang. Sandkörner, die nicht durch die Kapillarkräfte der Wasserfilme in den Lücken ihrer Zwischenräume vor allem nahe der Wasserlinie zusammengehalten werden, verhalten sich ziemlich bald erstaunlich haltlos und segeln dann vor dem Wind in fla-

Der auf dem Nordostgelände häufige Sanddorn ist mit seinem reichen Fruchtangebot eine wichtige Nahrungsquelle für die durchziehenden Kleinvögel.

chen und nach mathematischen Kriterien übrigens bestechend schönen parabolischen Flugbahnen landwärts. Hier bauen sie schrittweise den oberen Strand auf, der zumindest im Sommer kaum noch von den Springtidenflutständen erreicht wird, aber bei starken Winterstürmen dennoch beträchtliche Umbauten erfährt.

Im Hintergrund fast aller Sandstrände vollzieht sich eine weitere und überaus bemerkenswerte „Dün"amik: Die zunächst noch recht flachen und kaum merklichen Sandwälle wachsen allmahlich, aber nach aller Erfahrung unaufhaltsam, in die Höhe und bilden nach einiger Zeit steilere Sandanhaufungen mit recht steilen Luvflanken. So wird die noch wenig auffällige Vordüne zur luvseitig meist ziemlich steilkuppigen und eventuell schon beachtlich hohen Weißdüne.

Auf ihren Kämmen und vor allem in den Leelagen helfen charakteristische und dünentypische Gräser das zunächst noch lockere Machwerk des Windes zu befestigen: Einerseits stockt hier der bemerkenswerte Strandroggen (*Leymus arenarius*), erkennbar an seinen breiten, flachen und blaugrauen Blättern, während diese beim ebenfalls fast immer mengenweise präsenten Strandhafer (*Ammophila arenaria*) schmal, graugrün und zusammengerollt sind. Da diese bemerkenswerten Graspioniere tatsächlich an vorderster Front stehen,

Ein botanisches Highlight ist das Naturdenkmal Schwarzer Maulbeerbaum im ehemaligen Pfarrgarten auf dem Oberland. Er hat selbst die Kriegswirren bestens überlebt.

sehen ihre Grashorste auch immer ein wenig nach Sturmfrisur aus. Vor allem der Strandhafer rollt seine ohnehin grasartig schlanken Blätter zur Unterseite hin stark zusammen, sodass sie fast wie Rundblätter aussehen. Auch bei Gräsern liegen die für den Gasaustausch mit der Atmosphäre zuständigen Spaltöffnungen auf der Blattunterseite. Im zusammengerollten Blatt befinden sie sich sozusagen in einem bemerkenswert windgeschützten Raum – hier können also auch kräftigere und vor allem permanente Luftbewegungen direkt an der offenen Küste die immer vorhandenen Transpirationsverluste nicht nennenswert antreiben. Und noch etwas fällt bei der Betrachtung eines Querschnittbildes auf: Die Spaltöffnungen liegen nicht nur im wirksamen Windfang der eingerollten Blattunterseite, sondern dort auch in besonderen Vertiefungen zwischen den Leitbündeln. Das ist zweifellos Prophylaxe pur.
Und noch etwas ist zu berücksichtigen: Eigentlich müsste der ständig auf die Pflanzen der Weißdünen einprasselnde Flugsand ebenso zerstörerisch wirken wie ein Sandstrahlgebläse. Aber auch diese enorme mechanische Belastung steckt der Strandhafer ganz locker weg. Die schlanke Rundform der Blätter lässt viele auftreffende Sandkörner einfach wirkungslos abprallen, weil die besonders dicken und folglich derben Epidermen der Blattoberseite auch

Kaum steigerbar – ein extremer Windflüchter auf dem Treppenweg zum Oberland

vom permanenten Flugsandbetrieb nicht so schnell anzugreifen sind. Windschliffspuren hat man an diesen Blattorganen kaum je einmal gesehen.
Dünen bzw. Dünenwälle schützen die Küste. Mit künstlichen Anpflanzungen von Dünengräsern (vor allem Strandhafer, in Nordfriesland einfach Halm genannt) versuchen die regional verantwortlichen Behörden daher, natürlich entwickelte Dünen auf Dauer festzulegen. Weil sie eine zuverlässige Hochwasserbarriere bilden und für den Küstenschutz somit absolut vital sind, darf man Dünen verständlicherweise nicht betreten – durchaus einsehbar, denn wilde und eventuell auch zahlreiche Trampelpfade zerstören erfahrungsgemäß die Pflanzendecke. Deswegen könnten Windanrisse an bloß liegenden Sandflanken und -partien erneut Bewegung in eine Düne bringen und ihre Lockermassen weitflächig verlagern. Eine Wanderdüne ist gewiss ein interessantes Naturphänomen, aber an den meisten Küsten ganz und gar unerwünscht …
Die natürliche Dünenentwicklung schließt gewöhnlich mit dem Braundünenstadium ab, dessen Kennpflanzen überwiegend zu den Heidekrautgewächsen gehören: Normalerweise gedeihen hier ausgedehnte Bestände von Besenheide (*Calluna vulgaris*), Krähenbeere (*Empetrum nigrum*) und – in

den etwas feuchteren Dünentälchen – die Glocken-Heide (*Erica tetralix*) – so zu erleben auf fast allen übrigen Nordseeinseln. Auf der Helgoländer Düne sind solche Vorkommen derzeit noch nicht erkennbar. Auch der hierher gut passende Gewöhnliche Stechginster (*Ulex europaeus*) fehlt bislang. Dafür finden sich zahlreiche Exemplare der Kriech-Weide (*Salix repens*) und der aus Nordamerika stammenden Silber-Ölweide (*Elaeagnus commutata*). An verschwiegener Stelle auf dem Flugplatzgelände (Betretungsverbot!) gedeiht ein schöner Bestand der seltenen und geschützten Stranddistel (*Eryngium maritimum*).

Einen genaueren Blick wert ist auch die Gehölzvegetation rund um die beiden Süßwasserteiche auf der Düne (tatsächlich führen sie leicht verbracktes Wasser), die wohl aus besonders großen Bombensprengtrichtern hervorgingen. Ferner lohnt sich auch beim Besuch des „Friedhofs der Namenlosen" ein Blick auf das üppig gedeihende Strauchwerk.

Botanisch Interessierten bietet Helgoland somit eine Menge anregender Beschäftigung und überrascht mit manch unvermutetem Fund – sensationellerweise sogar mit zwei heimischen Orchideenarten, nämlich der Übersehenen Fingerwurz (*Dactylorhiza praetermissa*) auf dem Unterland und der Bienen-Ragwurz (*Ophrys apifera*) auf dem Oberland.

Von der enormen Produktivität der untermeerischen Vegetation zeugen die nach Stürmen massenhaft an den Strand geworfenen Tange.

Von Algen und Tangen

Der Anblick einer artenreichen Bergwiese in sommerlicher Vollblüte begeistert erfahrungsgemäß Naturfreunde jeglicher Interessenrichtung. Beim genaueren Hinsehen wird hier jedoch deutlich, dass sich dem Auge ein durchweg regelloses Mosaik aus Gräsern, Kräutern, Hochstauden, Strauchgehölzen und eventuell auch Jungbäumen darbietet. Die Verteilung der einzelnen Pflanzenarten und Individuen scheint gänzlich dem Zufall überlassen gewesen zu sein. Wachsen, gedeihen und blühen darf an einem definierten Wuchsplatz, wer zuerst eintraf und genügend Kraftreserven besaß, um die Konkurrenz erfolgreich in die Schranken zu verweisen.

In Gürteln und Streifen

Im Unterschied zu einer Wiese oder einem Waldstück findet man an einer felsigen Gezeitenküste immer ungleich klarere Verhältnisse vor. Hier treten die den Gesamtaspekt bestimmenden Leitorganismen nicht in unübersichtli-

Nur bei extremen Niedrigwassern fallen auf der Brandungsterrasse auch die ausgedehnten Tanggürtel frei.

chen Mustern nach dem Diktat einer Zufallsverteilung auf, sondern nehmen klar definierte und horizontal säuberlich gestaffelte Sitz- bzw. Wuchsplätze in Gürteln oder Bändern ein. Fast ist es so wie im Theater: Bestimmte Gesellschaftsschichten findet man nur im Parkett, andere hingegen ausnahmslos auf den höheren Rängen.

Als bestimmende Platzzuweiser wirken am Meer die Summeneffekte bestimmter Umweltfaktoren. Da die Gezeitenorganismen von der Niedrigwasserlinie bis zur Flutmarke in einer europaweit einheitlichen und offenbar ziemlich festgelegten Reihenfolge auftreten, sind offenbar die Gezeitenwasserstände die entscheidenden Faktoren. Mit ihrer Hilfe lassen sich die einzelnen Siedlungsbänder klar festlegen und an ihrer typischen Artenausstattung kennzeichnen. Dafür haben sich feste Begriffe eingebürgert: Als Wechselflutzone (Eulitoral) oder einfach Gezeitenzone bezeichnet man die im tidalen Rhythmus regelmäßig auftauchenden Bereiche einer Gezeitenküste. Deren (durchschnittliche) Ober- und Untergrenze sind hydrographisch festgelegt durch die Mittlere Tidenhochwasserlinie (MThw) sowie die Mittlere Tidenniedrigwasserlinie (MTnw). Das Eulitoral ist damit exakt der amphibische Streifen, der im täglichen Rhythmus von Ebbe und Flut regelmäßig, aber konstant wechselweise mal dem Meer und mal dem Festland angehört. Obwohl die Küste der Grenzsaum ist, lässt sich der ganz genaue Grenzverlauf zwischen Meer und Festland nicht exakt angeben: Die rastlosen Tidenwech-

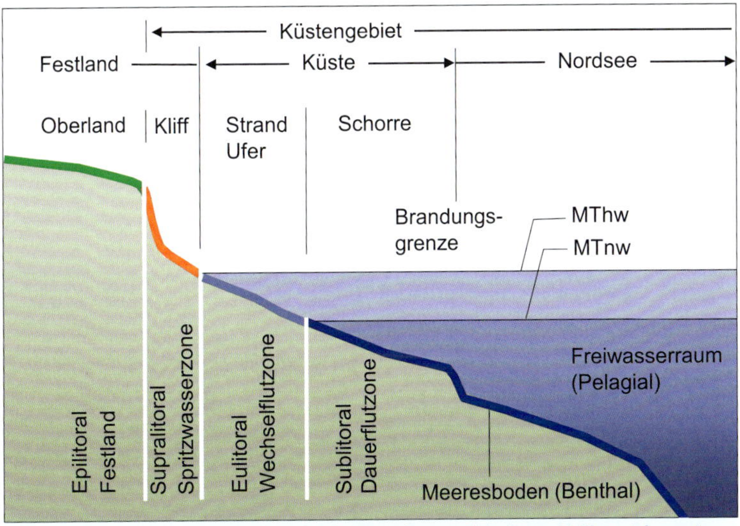

Küste und Strand sind nicht das Gleiche: Für die verschiedenen Teilbereiche zwischen Festland und offener See besteht ein festgelegtes Begriffsgefüge.
MThw = Mittlere Tidenhochwasserlinie, MTnw = Mittlere Tidenniedrigwasserlinie

sel im Verbund mit Wellengang stecken das Terrain zwischen Land und Wasser in jedem Augenblick neu ab. Was zur Ebbezeit ein Lebensraum mit vielen Eigenschaften eines typischen Festlandbiotops war, wandelt die nächste auflaufende Flut wieder in einen typischen Unterwasserstandort um. Diesen wechselhaften Lebensraum bezeichnet man insgesamt als Litoral.

Die Bereiche oberhalb der durchschnittlichen Tidenhochwasserlinie bezeichnet man als Supralitoral oder Spritzwasserzone – soweit bis hierher je nach Wind- und Wetterlage die Wellenkämme bzw. Gischtfahnen reichen. Daher nennt man sie auch hygro- bzw. aerohaline Zone. An den atlantischen Küsten siedeln hier die charakteristischen Bänder mit mehreren Arten von Meeresflechten, der (von unten nach oben) schwarzen, grauen und gelben Flechtenzone. Auf Helgoland ist sie so nicht ausgebildet, obwohl die Habitatvoraussetzungen gegeben wären. Zwar kommen auf den Molen und an den Tetrapoden mehrere Flechtenarten vor (darunter mit besonders großflächigen Thalli die Mauerflechte *Xanthoria parietina*), aber sie sind hier nicht in der Art der sonst europaweit auftretenden charakteristischen Flechtenband-Trikolore angesiedelt.

Alle tieferen Küstenetagen unterhalb der Tidenniedrigwasserlinie, die auch bei extremen Gezeitenständen nicht trockenfallen, bilden das Sublitoral oder die Dauerflutzone, zusammen mit dem Eulitoral auch als hydrohaline Zone

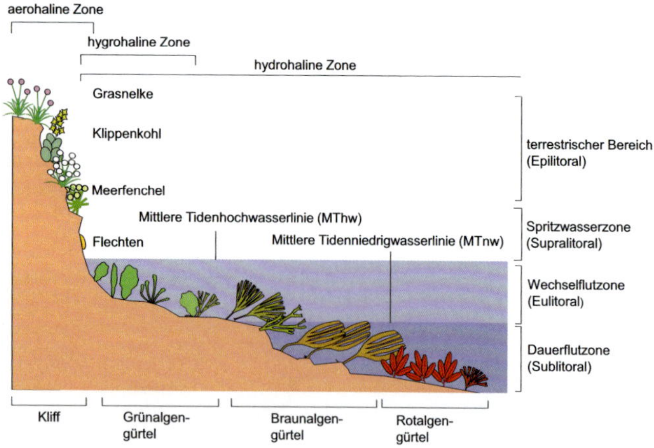

Idealprofil der Tangzonierung an der Helgoländer Gezeitenküste

bezeichnet. Sie nehmen an der Felsküste gewöhnlich den größten Raum ein und leiten kontinuierlich zur offenen See über.
Die Tidenwasserstände strukturieren die Algen- bzw. Tangbestände in den verschiedenen Etagen des Litorals. Dieses Zonierungsschema ist an den atlantischen Küsten europaweit gültig.

Die Beständigkeit liegt im Wechsel

Das Eulitoral ist zweifellos eine besonders wechselhafte, aber in ökologischer Hinsicht ungemein spannende Umwelt, in der das Leben erkennbar nicht besonders einfach ist. Tatsächlich kommen in der Gezeitenzone überwiegend ökologische (und gar nicht so wenige) Spezialisten vor, die sich trickreich und im Prinzip äußerst bewundernswert darauf eingerichtet haben, im täglichen Tidenrhythmus gleich zweimal an die trockene Luft gesetzt zu werden. Vom angrenzenden Festland wagen sich dagegen kaum einmal Arten in dieses erkennbar schwierige Milieu vor. Bis in die oberste Spritzwasserzone besteht die organismische Besatzung von Felsen, Steinen oder anderen Festmaterialien des Gezeitenraums somit nur aus echten Meeresorganismen. Auch aus der Dauerflutzone wird man hier so leicht keinen Vertreter finden.
Der Zeitablauf einer Tide zeigt, dass zwischen oben und unten in der Wechselflutzone (Eulitoral) tatsächlich gewaltige Unterschiede bestehen. Ein nahe der Niedrigwasserlinie siedelndes Lebewesen schaut nur für relativ kurze Zeit aus dem Wasser, denn kaum hat die Ebbe seinen Standort freigegeben, geht schon die nächste Flut wieder darüber hinweg. Am anderen Ende, im Bereich

Von der Südostmole aus kann man bei Niedrigwasser die großen Laminarien bestens in Augenschein nehmen. Als Taucher bewegt man sich durch ihre Bestände wirklich wie durch Tangwälder.

der Hochwassermarken, sitzen die dort dauerhaft siedelnden Lebewesen dagegen erheblich länger auf dem Trockenen. Wenn die Tide ihren Sitzplatz geräumt hat, können bis zur nächsten Flutdusche sogar mehr als 10 Stunden vergehen. Daraus wird deutlich, dass die weiter oben vorkommenden Arten vor allem mit dem drohenden Wasserverlust während der Ebbe fertig werden müssen. Weil die verschiedenen Organismenarten diese speziellen Anforderungen unterschiedlich gut und offensichtlich verschieden effizient bewältigen, ergibt sich in der Gezeitenzone durch diese Vorsortierung somit fast automatisch eine bestimmte Vertikalverteilung mit der Folge klar definierter Siedlungsbänder.

Grüne, Braune und Rote

Die biologische Besonderheit schlechthin des Helgoländer Felssockels – und zudem der überzeugendste Grund für seine Ausweisung als untermeerisches Naturschutzgebiet – ist die ausgedehnte Besiedlung mit besonderen Algen und der davon mitgeprägten Tierwelt. In der Gezeiten- und in der Dauerflutzone kommen hier (einschließlich der kleinen bis sehr kleinen Spezies) fast

Kaum zu glauben: Während der Ebbezeit trocknen die Hauttange der Gattung Porphyra knistertrocken aus – aber beim ersten Flutspritzer sind sie sofort wieder stoffwechselaktiv.

ebenso viele verschiedene Arten vor wie in der Blütenpflanzenflora der Insel. Die größten und eventuell sogar meterlangen Vertreter dieser interessanten Artengruppen bezeichnet man nach einem norwegischen Wort als Tange. Algen sind sie alle, und weil man sie – im Unterschied zu den mikroskopisch kleinen Planktonwesen – meist noch mit bloßem Auge unterscheiden kann, heißen sie auch einfach Makrophyten. Der Helgoländer Felssockel ist innerhalb der Deutschen Bucht der einzige Standort dieser besonderen Meeresorganismen – ihre nächsten Vorkommen finden sich an den Felsküsten des Ärmelkanals, entlang der britischen Ostküste, auf den Orkney- und besonders Shetlandinseln sowie an den Felsgestaden Südnorwegens. Die Artenreihung ist vom Nordkap bis nach Gibraltar fast überall die gleiche und findet sich so mit den meisten Arten auch an der nordamerikanischen Ostküste.

Die etagenförmig angeordneten Tanggürtel kann man als Helgoland-Besucher am besten und zudem gefahrlosesten an den Randbegrenzungen des Südstrandes vor der Kurpromenade erleben. Diese Bereiche sind vergleichsweise einfach und problemlos zugänglich. Vor einer eigenen Exkursion auf das wenig fußfreundliche bis recht gefährliche Nordost- oder gar das Westwatt warnen wir hiermit ausdrücklich! Am Rande des Südstrandes befindet sich zur Festlegung der Landungsbrücke eine hohe Spundwand, welche die Gürtelung der (oberen) Tangvorkommen geradezu exemplarisch vorführt: Auf die immer zuoberst siedelnden Seepocken folgt gewöhnlich ein Band aus feinen grasgrünen Fadenalgen, an die sich nach unten die Bänder olivgrüner Brauntange anschließen. Der in der Spritzwasserzone der europäischen Atlantikküsten sonst immer vorhandene schmalbandige Rinnentang (*Pelvetia canaliculata*) kommt aus unbekannten Gründen auf Helgoland nicht vor. Die Zonierungsfolge beginnt daher mit dem Siedlungsband des charakteristischen Spiraltangs (*Fucus spiralis*), gefolgt von Blasentang (*Fucus vesiculosus*) und weiter unten mit dem gut kenntlichen Sägetang (*Fucus serratus*). Mit den Vorkommen dieser Arten kann man ein oberes, mittleres und unteres Eulitoral kennzeichnen. Wer diese Arten von anderen Wuchsplätzen an den europäischen Felsküsten (Frankreich, Großbritannien, Norwegen) kennt, wird sich vielleicht über das spezifische Aussehen der Helgoländer Exemplare wundern: Der Spiraltang ist weniger stark gedreht als seine Verwandten an den benannten Festlandküsten. Der Blasentang ist auffallend schmalbandig und weist nur wenige Serien der sonst charakteristischen Gasblasen auf, die in die Thallusbänder paarweise eingelassen sind. Auch beim Sägetang sind die Thallusbänder allenfalls halb so breit wie von Standorten etwa in der Normandie oder Bretagne. Alle diese derblederigen Tange trocknen während der Ebbe kaum aus, weil sie äußerst raffiniert das lebensnotwendige Wasser in ihren dickwandigen Geweben durch Kapillarkräfte binden. Sie sind – obwohl eigentlich aquatische Organismen – tatsächlich auch während der Zeit des Trockenliegens bei Niedrigwasser mit bemerkenswerter Effizienz photosynthetisch aktiv – und zwar umso besser, je weiter unten sie siedeln. Zwischen den meist dicht wachsenden Tangbüscheln bleibt es auch während der Ebbe feucht. Daher können sich hier die mit Kiemen atmenden ortsbeweglichen Tiere, wie Strandkrabben, Strandschnecken, Meerasseln und Flohkrebse, geradezu optimal geschützt vor dem Austrocknen aufhalten.

Die obersten Sitzplätze in der Gezeitenzone nehmen üblicherweise die Grünalgen ein.

In diesem grünen Gewirr an der oberen Grenze der Gezeitenzone sind etliche nur schwer unterscheidbare Arten versammelt.

Der bloße Blick auf ein Tangfeld genügt nicht – den Formenzauber der Meeresalgen muss man aus nächster Nähe erleben.

Die gewöhnlich im Sublitoral siedelnden besonders großen Brauntange gehören

überwiegend der Gattung Laminaria an. Der Zuckertang (Laminaria saccharina, neuerdings auch Saccharina latissima genannt) besitzt ein viele Meter langes, ungeteiltes Blattorgan. Wenn man ihn in Südnorwegen oder in Nordwesteuropa am Strand findet, sieht auch er deutlich anders aus: Helgoländer Exemplare sind vergleichsweise schmal und weitgehend glatt, während die nord(west)europäischen viel breiter sind und auf der Bandfläche ein auffälliges, in mehreren Reihen angelegtes Noppenmuster tragen. Diese Unterschiede haben natürlich Diskussionen zum Artstatus des Helgoländer Zuckertangs ausgelöst, die immer noch im Gange sind. Bei den nahe verwandten Arten Fingertang (Laminaria digitata) und Palmentang (Laminaria hyperborea) ist das große Blattorgan dagegen in Längsrichtung geschlitzt. Man kann diese Arten sehr gut zur Niedrigwasserzeit bei einem Spaziergang über die Südhafenmolen beobachten – oder auch bei einer Strandwanderung über den Nordstrand der Düne. Besonders nach Sturmtagen wirft die Brandung hier mengenweise abgerissene Tangexemplare auf den Strand – im Übrigen ein überzeugender Hinweis auf die enorme Produktivität der Tangwälder auf dem Helgoländer Felssockel. Bis zu einer Wassertiefe von etwa 5 m stellen die drei Arten der eindrucksvollen Laminarien den Hauptanteil der Tangvegetation auf dem Felssockel. Unterhalb von 6 m kommen jedoch nur noch vereinzelte Exemplare vor. Unterhalb dieser Tiefenlinie beginnt die Dominanzzone der ausgesprochen formschönen Rotalgen (vgl. Textkasten), die noch weiter unten schließlich nur noch von roten Krustenalgen abgelöst werden. Bei etwa 15 m Wassertiefe ist es unter Wasser bereits so dunkel, dass kein weiteres Algenwachstum mehr möglich ist (Lüning 1970). Der Grund sind die besonderen Wasserver-

Die bemerkenswerte Vertikalzonierung in der Gezeitenzone erkennt man – dicht gedrängt – am besten an senkrechten Wuchsplätzen, etwa an der Spundwänden vor der Südreede. Hier sind alle drei Helgoländer *Fucus*-Arten vertreten.

hältnisse über dem Helgoländer Felssockel – die im Meerwasser mengenweise suspendierten Feinstpartikeln aus brandungsbedingt zerriebenem Sediment verschlucken mit zunehmender Wassertiefe einen Großteil des einfallenden Lichtes und verändern auch die vorherrschende Lichtqualität: Schon in wenigen Metern Wassertiefe ist das Unterwasserlicht eher grünblau und deswegen können hier gerade die in diesem Komplementärbereich optimal absorbierenden Tiefenrotalgen sehr gut gedeihen.

Vor allem in den Frühjahrswochen zwischen Februar und April kann man an den mehrjährigen Laminarien eindrucksvoll beobachten, wie sie eigentlich wachsen. Die Wachstumszone befindet sich bei diesen Großalgen exakt im Übergang vom stielartigen in den breit blattförmigen Abschnitt und zeigt sich meist heller bis gelblich braun. Diese Anfang März vielleicht gerade münzgroße Zone ersetzt bis etwa Ende Mai das gesamte große Blattorgan. Die dazu erforderlichen Wachstumsleistungen sind gigantisch: Die Laminarien und ihre Verwandten gehören zu den am raschesten wachsenden Organismen überhaupt. Der Zuckertang wächst sogar bis zum Herbst. Sein mehrere Meter langes ungeschlitztes Blattorgan wird dabei 3–4 Mal je Saison erneuert – eine geradezu unglaubliche Wachstumsleistung.

Bei den Fucus-Arten sitzen die aktiven Wachstumszonen an den Verzweigungsspitzen des Thallus und fallen ebenfalls durch eine etwas hellere Färbung auf. Der älteste Teil dieser Tange ist daher immer ihre scheibenförmige Verankerungsbasis.

Formale Ästhetik pur

Algen und Tange gelten vielen Küstenurlauber als recht fragwürdiger und am besten nicht weiter beachtenswerter Auswurf des Meeres. Manche ordnen sie sogar irgendwo zwischen Algenpest und Killeralgen ein, auf jeden Fall in der Kategorie „Strandprobleme".

Auch wenn die Saubermänner der Kurverwaltung an den Stränden der Düne schon frühmorgens dafür sorgen, dass umhertreibende oder angespülte Makroalgen als (angeblich) unliebsame Zutaten aus dem angrenzenden Lebensraum immer rechtzeitig aus dem Blickfeld der Strandgäste verschwinden, sollte man sich die kleinen und größeren – versehentlich verbliebenen oder neu eintreffenden – Arten doch einmal etwas genauer anschauen. Denn: Das hier in den Spülsäumen angeworfene Artenspektrum aus dem sonst allgemein nicht zugänglichen Sublitoral ist bei der näheren Inspektion doch ziemlich beeindruckend – und besticht zudem durch seine überaus grazilen Formen. Meist handelt es sich bei dem am Strand zunächst nur undifferenziert zusammengeklatscht herum liegenden Material um Tiefenrotalgen, aber gerade diese Verwandtschaftsgruppe überrascht mit ungewöhnlich interessanten Formen und zudem unterschiedlichen Farbabstufungen zwischen verhaltenem Rosé über kräftiges Karminrot bis hin zu diversen Abstufungen von feurigem Purpur bis hin zu sattem Rubinrot. Interessante Arten findet man übrigens als Aufwuchs auf den rauen und ziemlich kräf-

Helgoländer Exemplare des weit verbreiteten Blasentanges sind im Vergleich zu ihren übrigen atlantischen Verwandten auffallend schmal und relativ blasenarm.

tigen Stielen des Palmentangs. Im saisonalen Ablauf ändern sich übrigens bei den Klein- und Feinalgen die anzutreffenden Artenspektren.

Viele der angespülten kleinen bis mittelgroßen Meeresalgen sind wirklich bildschön und verdienen die genauere Betrachtung. Was der Spülsaum den Inselbesuchern tagtäglich zu Füßen legt, kann man nämlich zeichnen, fotografieren oder auch zu äußerst schmucken Herbarblättern gestalten (vgl. Textkasten). Auf diese Weise bleibt die letztlich unstrittige Schönheit der ohnehin nur kurzlebigen Fein(st)algen sogar langfristig erhalten. Die so gefertigten Exsikkate (wie man die getrockneten Herbarstücke fachmännisch bezeichnet) ertragen – eventuell eingerahmt und aufgehängt – allerdings keine direkte Sonneneinstrahlung, denn wie fast alle pflanzlichen Naturfarben sind auch die für die Photosynthese zuständigen Algenpigmente erstaunlich wenig lichtbeständig. Im Schatten bewahren die Schönen vom Spülsaum

Auch der markante Sägetang ist auf Helgoland viel schmalbandiger als an den übrigen nordwesteuropäischen Felsküsten.

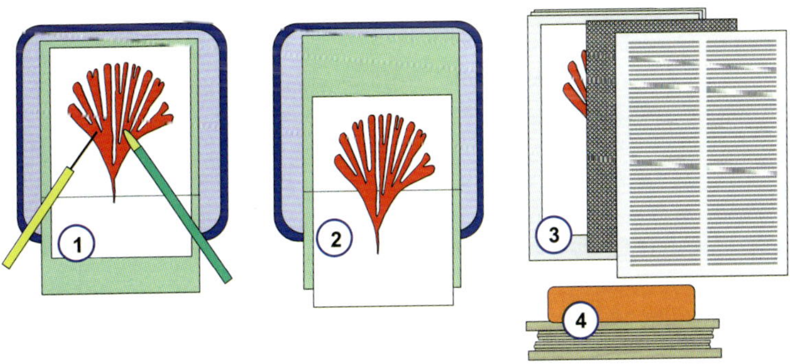

Vier einfache Schritte zum erinnerungsträchtigen Algenherbar

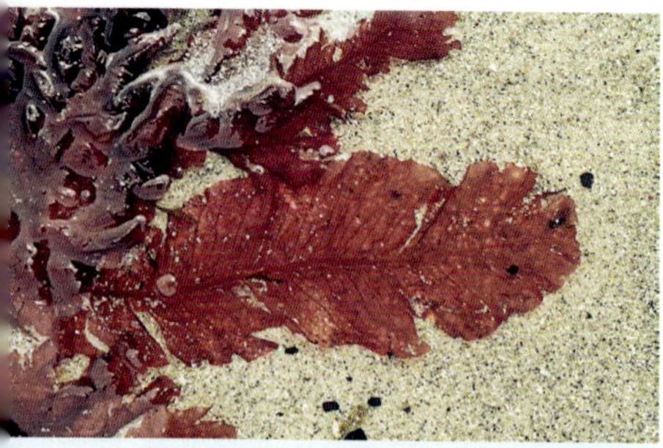

Rotalgen bewohnen durchweg das Sublitoral. Nach Stürmen werden losgerissene Exemplare auf den Strand geworfen – beispielsweise der hübsche Blutrote Seeampfer.

dagegen viele Jahre nicht nur ihre Form, sondern auch ihre beeindruckende Farbe. Der folgende Aktionstipp erläutert, wie man die farbigen Fundstücke kompetent zu dauerhaften Erinnerungsblättern verarbeitet. Man kann sich auf diese Weise einen Überblick über die jeweils vorhandenen Artenbestände verschaffen oder auch nach eigenem Geschmack ganze Ensembles komponieren, so wie der Flutsaum sie zufällig zusammenführt. Der gestalterischen Fantasie sind hier kaum Grenzen gesetzt.

- Aufgesammelte Algen vom Spülsaum nicht in Wasser, sondern trocken transportieren
- Fadenbüschel zu Hause unter Leitungswasser (!) kurz abspülen und von überflüssigem Aufwuchs befreien
- Papierbögen zuvor mit Bleistift beschriften: Algenart, Fundort, Datum …
- Ausgesuchte Stücke im Handwaschbecken oder in einer flachen Schale unter Leitungswasser (!) auf weißen Papierbögen ausbreiten (1), die Unterlage mit den aufgelegten Algen langsam aus dem Wasser ziehen und deren Verzweigungen mit Malpinsel oder Pinzette ordnen (2)
- Algen immer nur einlagig aufziehen – zu dichte Verzweigungen zuvor ausdünnen und die belassenen immer flach nebeneinander ausbreiten
- Algenbelegte Bögen gründlich abtropfen lassen, auf Zeitungspapier legen, mit feinmaschigem Textil (Baumwolle, Gaze, Damenstrumpf o. Ä.) abdecken und weitere Lage(n) Zeitungspapier auflegen (3)
- Unter mäßigem Druck pressen und täglich die durchfeuchteten Zeitungszwischenlagen auswechseln (4)

Wo die Meereswesen wohnen

Die festländische Vegetation erlebt man üblicherweise als eine Ansammlung nebeneinander wachsender Pflanzenindividuen. Zwar besiedeln Moose auch Baumstämme und Flechten siedeln sich auf Ästen oder Zweigen an, aber meist bleibt es dabei. Die übliche, von der Alltagserfahrung ständig bestä-

Beispiele herbarisierter Helgoländer Makroalgen aus dem Spülsaum

tigte und deswegen auch nur selten hinterfragte Platzzuweisung besagt, dass die Pflanzen traditionell ortsfest und unverrückbar im Boden verwurzelt sind, während die Tiere auf zwei oder mehr Beinen unterwegs sind und einen meist nennenswerten Aktionsradius praktizieren.

Im Vergleich dazu erweist sich das Meer als eine geradezu völlig verkehrte Welt, wie man beim Aufsammeln interessanter Fundstücke am Spülsaum leicht feststellen wird: Hier finden sich dauerhaft festgewachsene Einzeltiere oder auch Tierkolonien aus gänzlich unterschiedlichen Verwandtschaftsgruppen, andererseits aber auch frei umherdriftende Pflanzen von durchaus respektabler Abmessung. In den Lebensgemeinschaften der Meeresküsten geht es buchstäblich drunter und drüber: Algen besiedeln dauerhaft Tiere und Tiere ver-

Zu den formschönsten Fundstücken im Spülsaum gehört die aus der Tiefe stammende Rote Kammalge.

Fast nur auf den Tangfeldern sieht man zur Ebbezeit den Meerstrandläufer.

ankern sich lebenslang auf dem Siedlungsplatz Tang. Daneben gibt es natürlich auch noch dauerhafte Pflanze-Pflanze-Wohngemeinschaften und – fast so wie bei den Bremer Stadtmusikanten – fest gefügte Tier-Tier-Assoziationen.

Arten, die einen dauerhaften Aufwuchs auf anderen Lebewesen bilden, nennt man im Fall der Pflanzen üblicherweise Epiphyten und bei den Tieren konsequenterweise Epizoen. Da begrifflich nun nicht (immer) klar zu entscheiden ist, ob ein Epiphyt eine auf einem Tier(gehäuse) wachsende Alge oder eine am Tang verankerte Tierkolonie ist, geht man zunehmend dazu über, zur genaueren Kennzeichnung eben nur noch die jeweiligen Positionsbezeichnungen oder Wuchsunterlagen zu verwenden: Epiphytisch bedeutet demnach, dass eine beliebige Art auf einer Trägerpflanze siedelt, während das Attribut epizoisch immer den Wuchsplatz Tier meint.

Aufschlussreich ist bereits die genauere Inspektion eines älteren Exemplares vom Sägetang, der gegebenenfalls ein ganzes Miniaturökosystem darstellt. Auf seinen flächigen Thallusteilen siedelt sich häufig in dichten Kolonien der Posthörnchenwurm *Spirorbis spirorbis* an. Nicht selten findet man auf Sägetang aber auch die unverzweigten, um 1 cm hohen Polypenstöckchen des Kleinen Seemooses *Dynanema pumila*, in dessen Gehäusewänden sich die mikroskopisch kleine Fadenalge *Audouinella membranacea* ausgebreitet hat. Sollten die basalen Teile eines Sägetangs oberhalb der Haftscheibe grünlich erscheinen, sind mit Sicherheit auch innerhalb des Achsengewebes wachsende feinfädige Grünalgen präsent, darunter vor allem *Acrochaete parasitica*.

Oft haben die beteiligten Arten sozusagen die freie Wahl – wo Platz ist, siedelt sich eine entsprechende Art an. Nicht selten zeigen sich aber auch besondere Vorlieben, die sich sogar bis zur völligen Abhängigkeit steigern können: Der kleine Stachelpolyp *Hydractinia echinata* besiedelt mit seinen makroskopisch filzig-pelzig aussehenden Kolonien ausschließlich solche Schneckengehäuse (meist von der Wellhornschnecke), die gleichzeitig von einem Einsiedlerkrebs

bewohnt werden. Welche Gründe dafür maßgeblich sind, ist in vielen Fällen noch völlig unklar.
Die vielfältigen Lagebeziehungen der Meeresorganismen haben unter den Meeresökologen ein umfängliches Begriffsrepertoire ausgelöst, auf dessen Details wir hier allerdings verzichten. Wer es etwas genauer erfahren möchte, kann bei Kremer u. Gosselck (2012) nachlesen.

Die Tangfelder auf der großen Brandungsterrasse sind Deutschlands seltenster Lebensraum.

Noch dichter geht es wohl wirklich nicht: Die Brutvogelkolonien auf Helgolands Vogelfelsen praktizieren erkennbar die Einpassung in extreme Raumknappheit.

Helgolands Vogelwelt

In vieler Hinsicht sind Helgoland und die Düne nach biologisch-ökologischer Bewertung etwas ganz Besonderes und auch die hier ganzjährig beobachtete Vogelwelt passt hervorragend in diesen Rahmen: Auf diesen beiden eigentlich doch recht kleinen Eilanden auf relativ weit vorgeschobenem Posten innerhalb der Deutschen Bucht sind bislang immerhin so viele Vogelarten nachgewiesen worden, wie an keinem anderen Ort in Mitteleuropa: Unterdessen sind es deutlich über 430 verschiedene Arten und in jedem neuen Jahresbericht der 1991 gegründeten Ornithologischen Arbeitsgemeinschaft Helgoland (OAG) kommen neue Erstnachweise hinzu. Diese respektable Ausgangslage ist im Wesentlichen zwei verschiedenen Erkenntnisquellen zuzuschreiben: Einerseits betreibt die bereits 1910 gegründete Inselstation des heutigen Instituts für Vogelforschung (Sitz in Wilhelmshaven) mit ihrem bemerkenswerten Fanggarten in der Sapskuhle auf dem Oberland mit ihrer jährlichen Beringungspraxis ein ausführliches Monitoring der durchziehenden Arten (zumeist Kleinvögel), und andererseits ist Helgoland (mit der Düne)

Vor allem die Lummen zeigen eine beispiellose Brutplatzökonomie.

vor allem während der halbjährlichen Zugzeiten das erklärte Mekka vieler kenntnisreicher Vogelfreunde („Ornithomanen"), die natürlich ihre jeweils aktuellen Beobachtungsergebnisse an die Station weitergeben. Zudem unterhält die rührige Naturschutzorganisation „Verein Jordsand" – sie betreut mit ihren Mitarbeitern das einzigartige Naturschutzgebiet „Lummenfelsen" – in einer eigenen Hummerbude im Südhafenbereich eine kleine Info-Station, in der man sich über die aktuellen Neubeobachtungen der letzten Tage informieren kann: Im Fenster ist jeweils eine täglich fortgeführte Beobachtungsliste ausgehängt. Und gegebenenfalls kann man hier auch nachfragen … Außerdem bieten die Mitarbeiter geführte vogelkundliche Exkursionen an. Die jeweils neuesten Beobachtungsergebnisse sowie die komplette Checkliste der Helgoländer Vogelarten sind auch auf der Homepage der OAG einzusehen (www.OAG-Helgoland.de).
Eine Komplettübersicht über die artenreiche Vogelwelt der Insel verbietet der hier verfügbare Platz. Interessierte Vogelfreunde mögen das bemerkenswert umfassende Standardwerk „Die Vogelwelt der Insel Helgoland" (Dierschke et al. 2011) oder auch die von der OAG 2016 herausgegebene „Artenliste der Vögel Helgolands" (Dierschke et al. 2016) konsultieren. Hier finden sich jeweils zahlreiche und überaus bemerkenswerte Detailangaben. Stattdessen stellen

Diese Vögel mit dem etwas unschönen Namen „Trottellumme" sehen nicht nur pinguinähnlich aus, sondern sind auch die Namengeber für diese gänzlich verschiedene Verwandtschaftsgruppe.

wir hier vor allem den für die Deutsche Bucht einzigartigen Seevogel-Brutfelsen an der Westklippe (Naturschutzgebiet „Lummenfelsen") vor, der in den Frühjahrs- und Sommermonaten nicht nur für ausgewiesene Vogelfreunde ein besonderes Naturerlebnis in Aussicht stellt.

Vier Arten, vier Entwicklungen

Namengebende Art des berühmten Lummenfelsens ist die nicht besonders glücklich so benannte Trottellumme (*Uria aalge*) – die Namengebung erfolgte wohl unter dem Eindruck ihres an Land etwas schleppend-unbeholfen wirkenden Ganges. Im Luftraum sind diese Tiere – immer mit sehr schnellen Flügelschlägen unterwegs – dann allerdings ungleich behänder und schwimmen sowie tauchen können sie sowieso perfekt.

Die Trottellumme, oft auch einfach nur Lumme genannt, ist die einzige Seevogelart, die nach alten Notizen seit mindestens 200 Jahren – allerdings mit starken Bestandsschwankungen – auf den schmalen Galerien an der Westklippe brütet. In den weiter zurückliegenden Jahrzehnten wurde diese Art von den Helgoländern stark bejagt – aber seit 1920 ist dieser Spuk jedoch glücklicherweise vorbei. Seither ist der Bestand, vor allem in den Jahren nach dem Ende der unsinnigen britischen Bombardements, kontinuierlich angewachsen – in der Brutsaison 2019 wurden nach OAG-Angaben gar 4051 Brutpaare ermittelt, die höchste seit Beginn der Aufzeichnungen registrierte Anzahl. Allerdings waren die Bruterfolge in den trocken-heißen Jahren 2018 und 2019 nur mäßig. Dennoch herrscht an den schmalen Brutgalerien ein so bislang nicht beobachtbares Gedränge.

Ökologisch gesehen ist das Koloniebrüten an steilen Felswänden für die betreffenden Arten zweifellos eine besondere Herausforderung. Zwar sind solche exponierten Brutplätze gegen landseitig anrückende Bodenfeinde wie Marder und Füchse (die auf Helgoland allerdings nicht vorkommen und die zahlreich streunenden Inselkatzen wagen sich nicht hierher vor) ziemlich gut gesichert, aber gegen Luftfeinde wie Falken, Großmöwen oder gar

Seeadler tatsächlich nur schlecht zu verteidigen. Der Grund für die Nistplatzwahl an solchen gefährlich unsicheren Klippen erklärt sich vermutlich nur aus dem zunächst vergleichsweise schwachen Flugvermögen der Jungvögel.
Die allein wegen ihrer beschränkten Raumausdehnung äußerst beschränkten Brutplätze auf den herausgewitterten Felsgalerien der Westklippe erfordern verschiedene Angepasstheiten. Eine geradezu wunderbare Voraussetzung ist die birnenförmige Gestalt des immer ohne weiteren Unterbau direkt auf dem Felsen abgelegten Eies. Sollte es durch zufälliges Herumschubsen im Gedränge einmal in Bewegung geraten, rollt es nicht einfach weg und stürzt in die Tiefe, sondern dreht sich um seine Längsachse und bleibt somit lagestabil. Auch die geschlüpften Lummenküken verhalten sich

Aus der Distanz sehen die Tordalken am Brutplatz Lummenfelsen ihren Verwandten sehr ähnlich – aber ein gutes Fernglas bringt Klarheit.

Die vergleichsweise zierlichen Dreizehenmöwen stellen die meisten Brutvögel am Helgoländer Vogelfelsen.

Dreizehenmöwen sind außerordentlich geschickte Flieger und Segler.

äußerst angepasst: Sie vermeiden strikt die gefährlichen Abbruchkanten ihres Brutgesimses und drücken sich zunächst dicht an den rückwärtigen Felsen – meist auch im Schutz eines an der Kante sitzenden Elterntieres. Die Versorgung mit Fischnahrung übernehmen die Eltern wechselweise. Zur Nahrungsbeschaffung unternehmen sie weite Streifzüge bis in etwa 20 km Entfernung (und mehr) vom Helgoländer Brutplatz. Eine Fütterung findet täglich bis zu fünf Mal statt. Ein Elternteil bewacht während der Futterbeschaffung durch den anderen Altvogel das Junge. Interessant zu beobachten ist die Rückkehr der Altvögel: Sie steuern zielgenau ohne großes Suchen ihren Brutplatz im Gedränge an, und zwar jeweils von unten: Kurz vor dem Felsen gehen sie aus der horizontalen Fluglage in die Senkrechte, strecken ihre Füße weit nach vorne und landen mit deutlich verminderter Geschwindigkeit zielgenau am Familienbrutplatz. Wie die Verständigung untereinander ganz genau funktioniert, ist vorerst noch ein Geheimnis – und ein bewundernswertes Phänomen dazu. Das betrifft auch die übrigen Koloniebrüter an der Westklippe.

Etwa drei Wochen nach dem Schlüpfen ändert sich das Verhalten der Junglummen. Sie schauen jetzt gerne einmal über die Abbruchkante, schlagen auch schon einmal versuchsweise mit den noch unentwickelten Flügeln und werden auch sonst sichtlich unruhiger. Schließlich ist es irgendwann im Juni in den späteren Abendstunden (dann sind die räuberischen und immer gefräßigen Großmöwen nicht mehr aktiv) soweit: Zumindest einer der Altvögel sitzt tief unten im Felswatt und lockt mit charakteristischen Rufen. Die noch nicht wirklich flügge Junglumme nimmt dann all ihren Mut zusammen und springt – eventuell sogar aus mehr als 30 m Höhe – mit heftigem Flügelschlag vom Felsgesims herunter. Ihre aerodynamisch noch recht ungünstig gestalteten Flügel leisten zwar noch nicht genügend Anströmgeschwindigkeit, aber bremsen den „Lummensprung" gegenüber einem wirklich freien Fall doch deutlich ab, und die meist an der Klippe herrschenden Aufwinde leisten dabei ein Übriges. Selbst wenn die Jungvögel bei diesem sicherlich spektakulären Manöver dennoch etwas unsanft auf dem Tangbewuchs der Brandungsterrasse landen sollten, ist das in aller Regel nicht besonders tragisch, denn ihr noch weitgehend knorpeliges Knochengerüst verträgt durchaus auch eine solche harte Landung. Tragische Todesfälle ereignen sich bei diesem einzigartigen Startmanöver so gut wie gar nicht. Glücklich auf dem Wasser angekommen, erledigen die Altvögel die weitere Versorgung so lange, bis Körpergewicht und Flugmuskelkraft der Jungvögel im rechten Verhältnis zueinander stehen. Lummen erlernen das Fliegen wenig später also von der Wasserfläche aus. Sobald sie gesprungen sind, ziehen sie mit den Elternvögeln schwimmend in die weitere Nordsee davon. Im Sommer – ab etwa Ende Juni – kann man am berühmten Vogelfelsen so gut wie keine Lummen mehr beobachten. Einzelne Exemplare zeigen sich im Umkreis von Helgoland allerdings ganzjährig und sitzen auch schon einmal mitten im Winter auf den Felsgalerien.

Eine ähnliche „Sprungbiologie" zeigen auch die am Vogelfelsen erstmals seit 1975 als Brutvögel wieder nachgewiesenen Tordalken (*Alca torda*). Für das Berichtsjahr 2019 vermeldet der OAG-Jahresbericht einen erfreulichen neuen Höchststand von 83 besetzten Brutplätzen. Aus der Distanz sehen diese Alken den Lummen sehr ähnlich – eine ganz genaue unterscheidende Diagnose ist nur per Fernglashilfe möglich.

Die Alken haben kurioserweise die Unart, aus dem Meer allen möglichen driftenden Plastikmüll (vor allem Netzreste aus der Berufsfischerei) aufzusammeln und als Nistunterlage zu verwenden. Fallweise führt das zu tragischen Todesfällen, weil sich vor allem die Jungvögel mit den Füßen im Maschenwerk der Netze verheddern und sich daraus nicht wieder befreien können. In einer spektakulären Aktion haben sich alpinistisch Trainierte im Dezember 2015 zu den Brutgalerien abgeseilt und dort die mengenweise angesammelten Netzteile entfernt.

Längst haben die Seevogelkolonien auch die Lange Anna als Brutplatzangebot entdeckt.

Die Pinguine des Nordens

Allein unsere heimische Tierwelt bietet zweifellos eine Menge anregender und überraschender Gesprächsanlässe. Eine mögliche und gemeinerweise gezielt irreführende Auftaktfrage an Ihre nächste Gästerunde lautet, warum Eisbären – immerhin weltweit die größten Landraubtiere – für Pinguine völlig ungefährlich sind.

Zoologisch Vorgebildete unter Ihren Gästen werden vermutlich mitleidig grinsen und einfühlsam darauf verweisen, dass zwischen der Biogeographie von Eisbär und Pinguinen etliche Dutzend Breitengrade liegen. Dieser gut gemeinte Hinweis ist Ihr entscheidendes Stichwort: Jetzt können Sie Luft holen und stocksteif behaupten, Pinguine seien in Wirklichkeit nordhemisphärische Vögel. Und damit liegen Sie absolut richtig.

Denn: Die heute so bezeichneten und zugegebenermaßen ausschließlich (mit Ausnahme von Galapagos, wo einige Kolonien nördlich des Äquators liegen) auf der Südhalbkugel verbreiteten Pinguine erhielten ihren Namen tatsächlich nach den recht gestaltähnlichen nordhemisphärischen Alken. Englische Seeleute hatten die größte Art dieser Verwandtschaftsgruppe, den eigenartigerweise flugunfähigen Riesenalken, nach seinem Aussehen ping-wing (= Stummelflügler) genannt.

Daraus wurde Pinguin und Carl von Linné leitete davon 1758 den wissenschaftlichen Artnamen *Pinguinus impennis* ab. Der einst arktisch verbreitete Riesenalk war somit der definitiv erstbenannte Pinguin. Als James Cook und Georg Forster 1772 weit in die hohen Breiten der Südhalbkugel vorstießen und dabei den antarktischen Kontinent entdeckten, beobachteten sie dort Vögel mit konturscharf schwarz-weiß abgesetzten Gefiederpartien – so wie bei dem ihnen bekannten Riesenalk. Folglich nannten sie auch diese Tiere Pinguine. Erst der französische Naturgelehrte Georges Louis Buffon erkannte, dass die antarktischen Pinguine und die arktischen Riesenalken völlig verschiedene Verwandtschaftsgruppen darstellen. Der Namenwirrwar war damit jedoch nicht mehr aufzuhalten.

Riesenalken waren schon immer recht seltene Vögel, die nur auf wenigen Inseln im St.-Lorenz-Golf sowie an einigen Stellen der grön- und isländischen Küste brüteten. Bei ihren weiten Streifzügen wurden sie mitunter auch auf der Nord- und Ostsee gesichtet. Mit 70–85 cm Körpergröße – das entspricht etwa einem Königspinguin – sieht ein Riesenalk aus wie die stark vergrößerte Version von Tordalk oder Lumme. Die Flügel sind recht schmal und nur sehr kurz. Die Beine sind weit hinten am Körper eingelenkt und damit für das Schwimmen bzw. Tauchen optimal positioniert. Die Bauchseite ist weiß, die Rückenseite tiefschwarz – die Gesamterscheinung ist somit fast die perfekte Kopie eines Pinguins.

Steile, nahezu unerreichbare Klippen konnte sich diese Art im Gegensatz zu den flugfähigen übrigen Alken jedoch nicht als Brutplatz erobern, sondern blieb auf die relativ flachen Felsterrassen von Schären oder anderen Kleininseln angewiesen. Dies sollte ihr zum Verhängnis werden. An den wenigen kanadischen Brutplätzen wurde der Riesenalk schon im frühen 18. Jahrhundert von hungrigen Matrosen stark dezimiert und später vor allem wegen seines dichten Daunengefieders verfolgt. Um 1780 war hier die westatlantische Population ausgerottet. Ihren letzten Zufluchtsort hatte sie auf der zu den Vestmannaeyjar-Inseln gehörenden Schäre Geirfuglaskar vor Südwestisland. Im Jahre 1830 wurde diese kleine Insel fatalerweise durch einen Vulkanausbruch zerstört und mit ihr ging die letzte Brutkolonie unter. Die definitiv letzten beiden Vertreter der Art wurden von vier isländischen Fischern im Juni 1840 auf einem schmalen Felssaum der Insel Eldey für einen dänischen Vogelsammler erlegt, weil die Bälge wegen ihrer Seltenheit hoch bezahlt wurden. So kann man heute lediglich Balgpräparate in größeren Naturkundemuseen sehen. Insgesamt sind 78 Museumsexemplare bekannt, unter anderem in Berlin, Bonn, Darmstadt, Dresden, Frankfurt, München und Stuttgart.

Von den übrigen Vertretern der Alkenfamilie kommen fast alle während der Herbst- und Winterwochen vereinzelt in den Helgoländer Gewässern vor. Krabbentaucher (*Alle alle*) sieht man dann auch schon einmal im Südhafen. Auch die Gryllteiste (*Cepphus grylle*) ist gelegentlich mit wenigen Individuen präsent. Der schmucke Papageitaucher (*Fratercula arctica*) hat im 19. Jahrhundert mit sehr wenigen Exemplaren an der Westklippe gebrütet, zeigt sich ebenfalls ab und zu einmal, hat aber bislang keine weiteren Brutversuche unternommen.

Bis um die Mitte des 19. Jahrhunderts war die Dreizehenmöwe (*Rissa tridactyla*) nach alten Berichten in größerer Anzahl Brutvogel, bis das Brutvorkommen – womöglich in der Folge anhaltend starker Bejagung – schließlich erlosch. Jahrzehntelang fehlte die Art auf Helgoland. Erst im Frühjahr 1938 waren wieder drei Brutpaare zugegen und 1952 nach der Inselfreigabe waren es nur acht. Aber seither ist der Frühjahrs-/Frühsommerbestand stetig angewachsen. Im Frühjahr 2001 wurden

Ruhende Eissturmvögel wählen immer relativ isolierte Plätze. Daran kann man sie per Fernglas am besten lokalisieren.

In ihren Flugkünsten sind die Eissturmvögel nahezu unübertroffen. Von einer fliegenden Silbermöwe unterscheidet man sie am besten anhand ihrer schmaleren Flügel.

gar 8600 Brutpaare registriert – die beeindruckende akustische Kulisse der zur Brutzeit äußerst ruffreudigen Art kann man sich kaum vorstellen. Längst haben die Vögel auch die nur wenigen verfügbaren Brutplätze am Lummenfelsen (vermutlich vor allem zugunsten der Trottellummen und Tordalken) geräumt und sind auf die angrenzenden Nachbarklippen sowie auf die Lange Anna ausgewichen. Die flüggen Jungtiere erlernen das Fliegen vom (stark improvisierten, meist nur aus Tangresten bestehenden und oft auf winzigsten Felsnasen angelegten) Nest aus, und insofern stellen auch die Ausweichquartiere an den übrigen Steilklippen kein Problem für sie dar. Seit 2012 ist jedoch ein bisher nicht erklärbarer Rückgang der Art nicht nur auf Helgoland festzustellen: In der Brutsaison 2019 wurden nach OAG-Angaben nur noch 3871 Brutpaare registriert. Zudem setzte die frühe Sommerhitze (ebenso wie schon im Vorjahr 2018) den Vögeln stark zu. Meist verlassen die Dreizehenmöwen ihre Brutfelsen bis Ende Juli und sind dann für die restlichen Monate als reine Hochseemöwen ohne jeden Festlandkontakt unterwegs, die sich ständig irgendwo auf dem Nordatlantik aufhalten.

Obwohl an der Westklippe Tausende Seevögel in dichtem Gedränge brüten, herrscht hier eine weitgehend strikte Ordnung – die Arten teilen den knappen Lebensraum, allerdings nicht ohne Revierrangeleien, untereinander auf:
1 Basstölpel,
2 Eissturmvogel,
3 Dreizehenmöwe,
4 Trottellumme,
5 Tordalk,
6 Kormoran.

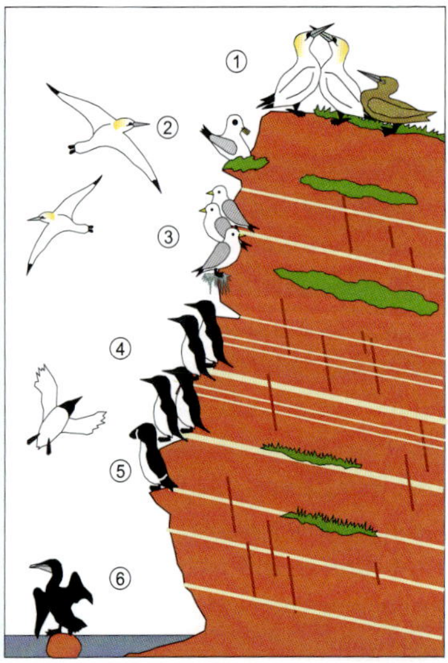

Vom Klippenrandweg aus kann man die Basstölpel auch ohne Fernglas buchstäblich federnah erleben.

Ein dritter charakteristischer Brutvogel der West- und Nordostklippen ist neben den Alken und den Dreizehenmöwen der Eissturmvogel (*Fulmarus glacialis*), ein äußerst eleganter und leider zunehmend selten werdender Flieger und Segler. Auf Helgoland brütet er seit 1972. Europaweit gilt er unterdessen als stark gefährdet, wobei die Ursachen für seinen bedauerlichen Rückgang bislang unklar sind. In den zurückliegenden Jahren waren die Bruterfolge auf Helgoland jedoch recht bescheiden. Im Jahre 2019 waren nach OAG-Angaben nur 38 Brutplätze besetzt. Einzelne Exemplare von Eissturmvögeln kann man rund um Helgoland oder im näheren Umfeld auch während der Wintermonate sehen. Gut zu erkennen sind sie an ihren gegenüber etwa einer Silbermöwe viel schmaleren Flügeln mit kennzeichnendem Flügelbug, an den großen dunklen Augen und vor allem an dem charakteristischen röhrenförmigen Oberschnabelaufsatz, welcher der Ausscheidung der mit der Nahrung aufgenommenen überschüssigen Salzmengen dient.
Ein relativer Neuling der Helgoländer Seevogelfauna ist der Basstölpel (*Morus bassanus*), Brutvogelart seit 1991, dessen Bestand zuletzt (2019) auf über 1200 Brutpaare angestiegen ist. Die Art wählt ihre Brutplätze bevorzugt auf den oberen Klippenköpfen und kann im Bereich des Lummenfelsens zur betonten Freude der Tierfotografen und Vogelliebhaber optimal vom west-

Dieser noch stark gescheckte Vogel ist ein Jungtier im dritten Kalenderjahr.

lichen Klippenrandweg aus beobachtet werden. Die schmucken Tiere sind äußerst geschickte Flieger bzw. Segler. Wie die meisten Seevogelarten ernähren sie sich von kleinen Fischen, oft von Sandaalen und auch von Krebstieren. Allein die eleganten Basstölpel sind mit ihrer Technik des Stoßtauchens fähig, auch größere Fische wie Heringe und Makrelen zu fangen. Der stromlinienförmige Körper, die langen schmalen Flügel und der fein gezähnte Schnabel, der die glatte Beute gut halten kann, sowie große Schwimmfüße verschaffen ihnen die Möglichkeit, die fett- und eiweißreiche Beute zu fangen: Mit angelegten Flügeln stürzen sie sich aus größerer Höhe ins Wasser, nutzen den verbleibenden Impuls und steuern die angepeilte Beute meist von unten an. Die Tauchtiefe liegt normalerweise im Bereich von 10–15 m Wassertiefe. Zur Nahrungssuche entfernen sich die Tiere gegebenenfalls weit von der Brutkolonie – ein auf Helgoland besendertes Exemplar wurde bei der Beutebeschaffung zur Brutzeit sogar in mehr als 300 km Entfernung weiter nördlich geortet. Bei der Rückkehr an den Nistplatz vollziehen die Paarungspartner meist ein nettes Begrüßungsritual mit gekreuzten Schnäbeln.

Einzigartige Vogelwelt

Die oben nur für die bemerkenswerten und für Deutschland einzigen Vorkommen besonderer Seevogelarten vorgestellten kurzen Artporträts werden durch die jährlich überaus zahlreichen Beobachtungen von Durchzüglern oder Rastvögeln locker getoppt. Für die Avifaunistik ist Helgoland somit – mehr als jede andere Nordseeinsel – eine unvergleichlich interessante Adresse – der zuletzt erschienene Jahresbericht (Band 30) der Ornithologischen Arbeitsgemeinschaft Helgoland (OAG) weist es mit seinen 112 und durchweg prächtig bebilderten Druckseiten klar aus. Wer ornithologisch interessiert ist, findet auf der roten Felseninsel und auch auf der Düne nicht nur während der Monate März bis Juli, wenn an den Vogelfelsen der Westklippe lautstarker Hochbetrieb herrscht, sondern eigentlich ganzjährig ein überaus ergiebiges

Beobachtungsfeld. Es gibt hier immer irgendetwas Spannendes bis Ungewöhnliches zu sehen.

Papageitaucher zeigen sich vereinzelt immer wieder einmal an der Westklippe, aber Brutversuche haben sie bislang nicht unternommen.

Unter Tausenden oder gar noch mehr Artgenossen, die in der Kolonie auf Schnabelreichweite dicht gedrängt nebeneinandersitzen, muss der vom Beutefang zurückkehrende Altvogel zuverlässig seinen individuellen Nistplatz und das dort wartende Jungtier finden. Ein sicherlich hoch präzise arbeitender Ortssinn wirkt dabei offenbar mit einem bewundernswert trennscharfen Gehör zusammen, um im chaotischen Stimmengewirr den zugehörigen Partner bzw. die eigenen Jungen zu orten. Wie diese beeindruckende Orientierungsleistung tatsächlich funktioniert, bleibt vorerst ungeklärt. Verbuchen wir es also getrost als bewundernswertes, zuverlässiges, aber unverstandenes Naturphänomen. Erwiesenermaßen füttern die zurückkehrenden Altvögel tatsächlich auch in einer Riesenkolonie nicht beliebige Jungtiere, sondern nur und ausschließlich die eigene Brut.

Neben den benannten und beeindruckend zahlreichen Saisonbrütern an den steilen Klippen verzeichnet die Helgoländer Avifauna, abgesehen von den Großmöwen, aktuell nur relativ wenige Brutvogelarten, obwohl insgesamt über 70 Arten als solche nachgewiesen sind. Zu den besonders häufigen Arten gehört der Haussperling, auf Helgoland „Karkfink“ (Kirchfink) genannt – seine Brutplätze liegen gewöhnlich im Siedlungsbereich, ebenso die der Amsel. Nach dem britischen Bombenterror blieben die Karkfinken für anderthalb Jahrzehnte aus, haben aber unterdessen eine stabile Population aufgebaut. Typische Offenlandbrüter wie Wiesenpieper oder Schafstelze sind indessen selten geworden oder fehlen zeitweilig – offenbar eine Folge des schwindenden Lebensraumangebots.

An der Westklippe ist immer etwas Aufregendes zu beobachten.

Auf der Helgoländer Düne zeigen die noch unbewachsenen Primärdünen eindrucksvolle Rippelstrukturen.

Ein Gang über die Düne

Im Unterschied zur roten Hauptinsel bietet die 70 ha (0,7 km^2) große Düne völlig andere insellandschaftliche Eindrücke: Sie besteht zwar im Untergrund aus solidem Fels (Muschelkalk- und Kreideschichten), aber das heutige Aussehen und ihre Umrisse gehen im Wesentlichen auf massive Anspülungen kurz vor dem Zweiten Weltkrieg im Zusammenhang mit Helgolands Ausbau zur Seefestung zurück. Die stetige, von den beiden Stränden ausgehende Sandnachlieferung hat in deren Hintergrund sogar kleine Dünenkämme aufwachsen lassen. Echte Natur ist das gewiss nicht, aber in weiten Bereichen vermitteln sie durchaus diesen Eindruck, und wunderbare Begegnungen sowie Erfahrungen sind hier ohnehin immer garantiert. Reiseprospekte preisen die Düne (friesisch de Hallem) folgerichtig als „Paradies für Sonnenanbeter, Fossiliensammler und Urlauber, die Ruhe und Kontakt zur Natur suchen" an. Bei Badewetter sollen hier karibische Verhältnisse herrschen. Nun ja – auf alle Fälle ist die Düne einen ausführlichen Besuch wert – am besten ausgerüstet mit einem guten Fernglas und einem tauglichen Bestimmungsbuch (z. B. Janke/Kremer, Düne, Strand und Watt, vgl. Literaturverzeichnis).

Die Dünenfähre „Wittekliff" bringt die Besucher in wenigen Minuten über die knapp 1 km breite Wasserstraße, die Helgoländer Reede, zum Dünenhafen. Im Hafenbecken wird man zunächst von einigen glucksenden, ziemlich zutraulichen Eiderenten begrüßt, neben den braunen Weibchen (eventuell mit Nachwuchs) auch von einigen prachtvoll gefärbten Männchen. Gleich am Dünenanleger beginnt der als naturkundlicher Erlebnispfad ausgewiesene Weg zu den schönsten Plätzen der Düne – parallel zum Nordstrand mit dem unlängst als Holzbohlenweg angelegten Panoramaweg mit wunderbaren Beobachtungsmöglichkeiten der einzigartigen Tierwelt. Von hier lässt sich auch die besondere Vegetation der Düne in Augenschein nehmen, die gelegentlich mit sehr seltenen Arten überrascht.

Schon im Dünenhafen sieht man fast immer die relativ einfarbigen Weibchen der Eiderente – je nach Saison auch mit reichlichem Nachwuchs.

Kegelrobben und Seehunde

Gleich nach der Ankunft auf der Düne erwartet Sie (vor allem am Nordstrand) ein besonderes Highlight – die unterdessen zahlreich angewachsene Robbenkolonie mit Kegelrobben und Seehunden. Mit ihren großen dunklen Augen und dem rundlichen Gesicht sehen vor allem die Seehunde aus wie Kuscheltiere und bedienen mit diesem Erscheinungsbild perfekt das berühmte Kindchenschema. Aber nicht nur deshalb zählen sie unangefochten zu den Sympathieträgern unserer Küsten. Als sie noch bis in die 1970er-Jahre hinein als vermeintlich ernsthafte Konkurrenten der Fischerei heftig bejagt wurden, waren sie selten und scheu. Heute haben sich ihre Bestände besonders in der Nordsee und auch im Wattenmeer erfreulich erholt. Mittlerweile nähern sie sich – mit Ausnahme

Die ungleich prächtiger gefärbten Männchen der Eiderente sind meist auch nicht allzu weit entfernt.

Spektakulärstes Naturerlebnis auf der Düne sind die individuenreichen Kolonien von Kegelrobben und Seehunden.

der Nachwuchs führenden Muttertiere – sogar neugierig den Badenden. So kann es durchaus vorkommen, dass die Tiere im Wasser spielerisch am Bikini einzelner weiblicher Badegäste schnuppern, aber zu Zwischenfällen ist es bislang nicht gekommen und solche sind auch überhaupt nicht zu erwarten.

Dass ihre Vorfahren noch an Land lebten, sieht man den Robben kaum noch an. Ihr Körper ist perfekt strömungstauglich geformt wie ein Torpedo und ihre Gliedmaßen sind zu paddelförmigen Schwimm- und Lenkfüßen umgestaltet. Aber ihren Nachwuchs bringen sie alle immer noch an Land zur Welt. Die flachen Sandstrände der europäischen Atlantikküsten bilden neben den flachen Felsküsten eine ideale Setz- und Kinderstube. Den Winter verbringen die Seehunde meist auf offener See und fressen sich dort durch erfolgreiche Jagd nach Bodenfischen eine dicke Fettschicht an. Wenn sie im Herbst oder Frühling an die Küsten zurückkehren, bringen sie ihren Nachwuchs zur Welt.

Intensive Schnupperkontakte vertiefen die Mutter-Kind-Beziehung.

Auf den flachen Sandbänken fühlen sich die an Land so unbeholfen wirkenden, aber erforderlichenfalls doch recht schnellen Tiere ziemlich sicher. Dort findet zwischen Mai und Juli die Geburt des einzigen Jungtieres je Weibchen statt. Junge Seehunde tragen schon bei der Geburt ein ziemlich kurzhaariges und dichtes Fell – sie können daher schon kurz nach der Geburt schwimmen. Die

notwendige Isolierung übernimmt eine zunehmend dicker werdende Speckschicht, weil die Mutter sie mit einer sehr nahrhaften Milch regelmäßig stillt. Nur während der Niedrigwasserzeit werden sie an Land gesäugt.
Für die Robbenmütter ist der Sommer eine Zeit voller Aktivitäten. Sie ziehen dann nicht nur ihre Jungen auf, sondern wechseln gleichzeitig auch noch das Fell. Nicht umsonst sonnen sich die Seehunde deshalb gerne am Strand oder auf frei fallenden Sandbänken. Sie brauchen die UV-Strahlung dringend, um in ihrer Haut Vitamine für den Haarwuchs aufzubauen. Etwa von der letzten Juli- bis in die erste Septemberwoche findet die Paarung (im Wasser) statt. Ab Mitte September sind die Weibchen wieder trächtig, doch schon nach wenigen Tagen wird die Entwicklung der Embryonen bis etwa Dezember zunächst gestoppt. Sie setzt erst wieder im Winter ein, damit die Geburt der Kleinen in die günstigen Sommermonate fallen kann.

Beim herzhaften Gähnen zeigen die Tiere ihr respektables Gebiss – es sind schließlich Raubtiere.

Die Rückkehr der Kegelrobben

In den letzten 30 Jahren sind die seit dem 15. Jahrhundert in der Nordsee ausgerotteten Kegelrobben erfreulicherweise wieder zurückgekehrt. Der Bestand dieser imposanten Robben (sie sind die größten heimischen Raubtiere) konzentriert sich in Deutschland auf wenige Plätze, beispielsweise rund um den Jungnamensand zwischen Sylt und Amrum sowie die Insel Helgoland. Dazu bestehen auch versprengte Vorkommen in der Ostsee, z. B. in den Boddengewässern des Darß und im Greifswalder Bodden. Anders als die Seehunde bringen die Kegelrobben ihren Nachwuchs bereits im Winter ab November zur Welt – nach der ersten Geburt einer Kegelrobbe auf Helgoland im Winter 1996/1997 waren es im Winterhalbjahr 2020/2021 auf der Düne 653. Im ersten Monat tragen sie noch ein flauschig samtiges, anfangs schneeweißes und wenig später cremefarbenes Fell, mit dem sie aber noch nicht schwimmen können.

Tabelle: Seehund und Kegelrobbe im Vergleich

Merkmal	Seehund	Kegelrobbe
Länge	Männchen 2 m Weibchen 1,7 m Neugeborene 0,6–1 m	Männchen 2,3 m Weibchen 2 m Neugeborene 0,9–1,1 m
Gewicht	Männchen 70–150 kg Weibchen 60–110 kg Neugeborene 8–12 kg	Männchen 170–310 kg Weibchen 105–185 kg Neugeborene 11–20 kg
max. Alter	ca. 40 Jahre	ca. 30 Jahre
Tauchtiefe	200 Meter	über 300 Meter
Tauchdauer	30 Minuten	20 Minuten
Atlantische Verbreitung	Nordatlantik bis nach Portugal, an Sand- und Felsenküsten, auch auf dem Eis, westliche Ostsee	Nordatlantik bis in die Arktis, isolierter Bestand in der Ostsee, an Sand- und Felsküsten
Unterscheidungsmerkmale	V-förmig stehende Nasenlöcher, rundlicher Schädel mit kurzer Schnauze	parallel senkrecht stehende Nasenlöcher, kegelförmiger Schädel mit langer Schnauze

Robben kompetent beobachten

– Die Strände der Helgoländer Düne sind der beste Ort in Deutschland, wo man Kegelrobben und Seehunde – auch gemeinsam – aus großer Nähe in freier Natur beobachten kann – und das ist mit Sicherheit geradezu sensationell. Dort liegen beide Robbenarten das ganze Jahr über

Die jungen Kegelrobben kommen zwischen November und Januar zur Welt und tragen zunächst ein flauschiges weißes Fell.

zur Ruhezeit am unteren Strand nach der Wasserlinie.

- Aber: Angemessenes Verhalten ist unbedingt angesagt: Bitte immer mindestens 30 – 40 m Abstand zu den Tieren halten, nicht lärmen und auch keine hektischen Bewegungen ausführen.
- Robben – auch kranke oder verletzte – niemals anfassen, und schon gar keine Jungtiere!
- Kegelrobben und Seehunde sind Raubtiere – sie besitzen ein sehr eindrucksvolles Gebiss – bestens per Fernglas zu erkennen, wenn sie an ihrem Ruheplatz einmal gähnen.
- Sollte eine Robbe einmal fauchend auf Sie zukommen, haben Sie mit Sicherheit eine Grenze überschritten! Dann ist ein sofortiger und unaufgeregter Rückzug empfehlenswert …
- Zur Setzzeit die betreffenden Strandbereiche nicht aufsuchen.

Respektvoller Abstand zu den Robben ist in jedem Fall unbedingt angesagt.

Für Sucher und Sammler

Ein ausgedehnter Strandspaziergang überrascht vor allem am Nordstrand mit allerhand seltsamen Funden: Aus nächster Nähe kann man hier, vor allem nach Sturmlagen, die mengenweise auf den Strand geworfenen größeren bzw. kleineren Tange bestaunen und besonders hübsche Exemplare etwa der Rotalgen zum Herbarisieren mitnehmen (vgl. S. 107). Fossiliensammler werden bei gezielter Nachsuche vor allem im Bereich des Spülsaums oft belohnt. Belemniten gehören zu den häufigsten Fundstücken (vgl. S. 44). Nicht allzu selten finden sich auch fossile Seeigel oder die auf Helgoland als Katzenpfötchen bezeichneten Kammerfüllungen kreidezeitli-

Der Längenvergleich ist eindeutig: An den Dünenstränden kann man die größten Brauntange Europas erleben (im Bild: Zuckertang/*Saccharina latissima*).

Subfossile Austernschale – vom Bohrschwamm heftig durchlöchert

Sie sehen aus wie Makroalgen, sind aber tatsächlich Tierkolonien: Blättermoostierchen der Gattung *Flustra*.

Nixentaschen nennt man volkstümlich die charakteristischen Eihüllen des Nagelrochens.

Die derben Gelegehüllen der Wellhornschnecke geben immer wieder Rätsel auf.

cher Ammoniten. Und natürlich beglückt auch ein gelegentlicher Bernsteinfund in besonderem Maße.
Daneben bietet der Auswurf des Meeres auch vielerlei Einblicke in die submarine Tierwelt. Muscheln und Schnecken liegen an allen Strandetagen herum, darunter auch Gehäuse des Wellhorns, der größten Meeresschnecke der Deutschen Bucht, oder ihre auffällig derben Laichballen, die Seeleute früher zum Wienern der Schiffsplanken verwendeten. Nixentaschen, die Eihüllen des Nagelrochens, oder Moostierchen-Kolonien werden gewiss ebenfalls im Fundgut enthalten sein, dazu auch Panzer(teile) von Strandkrabbe und Taschenkrebs. Nicht selten trifft man auf reich verzweigte Polypenstöckchen, die wie vertrocknete Algen aussehen, aber tatsächlich Tierkolonien sind. Und sollten Sie einmal eine vielfach durchlöcherte Muschel finden, dann haben Sie ein besonderes Phänomen vor Augen: Hier war tatsächlich ein Bohrschwamm aktiv und erfolgreich. Vor allem im Sommerhalbjahr strandet hier auch die eine oder andere Qualle (fachmännisch Meduse genannt). Alle sind sie im freien Wasser wunderschön anzusehen, aber schön ist oft auch gefährlich: Nicht jede Quallenart verfügt allerdings über Giftzellen, welche die menschliche Haut durchdringen können. Trotzdem Vorsicht: Eine Berührung mit den Fangfäden einer Feuerqualle kann die Freuden eines Strandtages anhaltend verderben.

Noch etwas Besonderes

Der Weg entlang des Oststrandes ist eventuell ein wenig mühsam, weil hier ein einigermaßen befestigter Weg fehlt (der empfohlene Erlebnispfad führt dagegen westlich am Flugplatz entlang), aber in diesem Bereich hat sich seit 1997 eine Brutkolonie der Heringsmöwe etabliert: In der Brutsaison 2019 waren gar 354 Brutpaare vertreten. Eine der auffälligsten Brutvögel der Düne ist zweifellos der ständig aufgeregte Austernfischer. Auch der Sandregenpfeifer ist hier Brutvogel, aber zunehmend seltener geworden, weil ungestörte Brutplätze nicht mehr zur Verfügung stehen. Vor allem zu den Zugzeiten sind hier viele interessante Vogelarten zu erleben. Dann ist es unbedingt ratsam, die täglich aktualisierten Beobachtungslisten an

Überall auf der Düne begleitet uns der immer etwas aufgeregt wirkende Austernfischer. Immerhin: Er ist hier Brutvogel und hat deshalb besondere Rechte.

Zu den selteneren Fundstücken unter den Flintknollen der Düne gehören die fleischroten Carneole.

der Hummerbude des Vereins Jordsand (Südhafenbereich Hauptinsel) zu konsultieren.

Die Strandgerölle am Dünenoststrand bestehen fast ausschließlich aus verschliffenen Feuersteinknollen, meist in der typischen grauschwarzen Farbstellung. Unter den besonders handschmeichlerisch gerundeten Exemplaren könnte sich aber auch (und das gar nicht so selten) ein in Feuersteinerhaltung überlieferter Kieselschwamm aus der Kreidezeit verbergen. Besonders gesucht sind die nur hier zu findenden fleischroten Feuersteine, die als Halbedelsteine gelten und in der Schmuckbranche die Bezeichnung Carneol tragen.

Bald gelangen wir an die arg geschrumpfte Aade, die Südostecke der Düne: Hier hat es während der letzten Jahrzehnte massive Materialabtragungen gegeben, weswegen man unterdessen Sicherungswerke vorgelagert hat. Wir beenden die Dünenrunde über den Südstrand vorbei am Dünenleuchtturm (Sektorenfeuer zur sicheren Ansteuerung von Helgoland bei Dunkelheit; vgl. Seekarte auf S. 57). Heute steht der Leuchtturm auf dem oberen Strand – vor etlichen Jahren befand er sich noch in Dünenposition, ein imposantes Dokument der beachtlichen Dünendynamik. Bald erreichen wir wieder im Bereich der Südwestmole trittfestes Terrain. Sollte noch etwas Zeit bis zum Eintreffen der Dünenfähre bleiben, lohnt sich ein Blick in die informative Ausstellung im Anlegergebäude: Hier können Sie noch einige weitere interessante Fakten über die Helgoländer Robben erfahren.

Das ältere Stationsgebäude der Biologischen Helgoland (BAH) fügt sich der Inselkulisse bestens ein: Blick quer über den Nordosthafen.

Empfohlene Anlaufpunkte

Wenngleich für naturbegeisterte Inselbesucherinnen und -besucher die reichhaltige Natur mit ihrer beeindruckenden Artenfülle klar im Vordergrund des Erlebens steht, bietet Helgoland eine Reihe weiterer bemerkenswerter Anlaufpunkte bzw. Attraktionen, die man unbedingt wahrnehmen sollte – zumal bei mehrtägigen Aufenthalten. Dazu gehören unter anderem die beiden auf der Hauptinsel angesiedelten Forschungsinstitute sowie das Museum Helgoland an und in der Nordseehalle.

Biologische Anstalt Helgoland (BAH)

Nachdem Helgoland am 1.4. 1890 von der britischen Krone nach erfolgreichen Vorverhandlungen wegen besonderer Rechte in Ostafrika (Helgoland-Sansibar-Vertrag) juristisch übergeben und am 10.8. des gleichen Jahres durch den (leicht?) paranoiden Wilhelm II. offiziell in Besitz genommen war, wurde im September 1882 – nach (wie üblich) bemerkenswert zähem Ringen

An der Gebäudearchitektur besticht die feinmaßstäbliche Fassadengliederung.

zwischen Politik und Wissenschaft – die *Königliche Biologische Anstalt Helgoland* gegründet. Immerhin hatte die Meeresforschung auf Helgoland schon eine gewisse und durchaus erfolgreiche Tradition: Victor Hensen (1835 – 1924) prägte hier den bis heute gültigen Fachbegriff Plankton und Christian Ehrenberg (1795 – 1876) entdeckte auf Helgoland, dass das sommerlich rätselhafte Meeresleuchten von dem marinen einzelligen Mikroorganismus *Noctiluca scintillans* verursacht wird.
Anfangs noch in mehreren kleinen Häusern an der Kurpromenade untergebracht, erhielt sie schon bald einen deutlich funktionaleren Neubau mit angegliedertem Aquarium. Die Freude währte jedoch nicht lange, denn der Erste Weltkrieg unterbrach die begonnenen Forschungsarbeiten jahrelang. Nach dem mühsamen Wiederbeginn (etwa ab 1921) setzte der Zweite Weltkrieg wiederum eine besonders herbe Zäsur: Die schweren Bombardements der letzten Kriegsmonate ließen alle Institutsgebäude in Schutt und Asche sinken.
Erst nach der Freigabe der Insel 1952 und dem Abschluss der aufwändigen Aufräumarbeiten begann 1955 der Neubau des Institutsgebäudes der BAH am jetzigen Standort beim Nordosthafen. Am 19.6.1959 fand die feierliche Eröffnung der auf Helgoland nur kurz „Bio" genannten Institution statt. Im

Im Südhafengelände besteht seit 1976 das zweite Stationsgebäude („Ökolabor"
mit seinem etwas futuristisch wirkenden Wasserhochbehälter

linken Gebäudeteil sind die Büros der ständigen Institutsmitarbeiter untergebracht, im rechten davon etwas abgesetzten die Gastlabors sowie die beiden Kurssäle für studentische Lehrveranstaltungen und akademische Fortbildungen. Am 8.6.1976 wurde nach vierjähriger Bauzeit am Südhafen das Experimentell-ökologische Laboratorium (kurz Öko-Labor oder im Institutsjargon Haus A genannt) fertiggestellt. Hier ist auch die unterdessen wieder stattlich angewachsene Bibliothek untergebracht. Ein besonderes Wahrzeichen ist der charakteristische, silbern glänzende Wasserhochbehälter, der manchen Helgolandbesucher rätseln lassen mag. Er dient der gesicherten Seewasserversorgung der vielen Anzuchtbecken in den einzelnen Labors. Seit 1998 ist die BAH nach einer bemerkenswerten Odyssee wechselnder bundesbehördlicher Zuständigkeiten in die Stiftung Alfred-Wegener-Institut (AWI; Sitz in Bremerhaven) eingegliedert. Das Institut gilt schon lange als eine der weltweit führenden Forschungseinrichtungen auf dem Gebiet der marinen Ökologie und hat viele internationale Kongresse zu verschiedenen Themen organisiert. Zur „Bio" gehört heute ferner das Zentrum für Wissenschaftliches Tauchen (CSD) direkt am Binnenhafen – hier befinden sich auch die Liegeplätze der beiden kleinen Stationsschiffe „Aade" sowie „Dyker". Von den beiden größeren Schiffen sieht man im Südhafen mitunter allenfalls die 1962 in Dienst ge-

Wenige Tage alte Hummerlarven im Aufzuchtbecken

stellte „Uthörn", während die „Heincke" (Neubau 1990) meist in Bremerhaven liegt. Zur BAH gehören auch das Wilhelm-Mielck-Haus im Nordostgelände, ein 1968 erbautes Studentenwohnheim, in dem die besuchenden Kursteilnehmenden untergebracht werden, sowie das schon 1959 fertig gewordene Arthur-Hagmeier-Haus auf dem Oberland, in dem Gastforscher Quartier beziehen können. Beide Gebäude sind nach früheren äußerst verdienstvollen Institutsdirektoren benannt.

In diesem Institutsteil geht es um die Nachzucht der berühmten Helgoländer Hummer.

Im Allgemeinen können die Institutsgebäude nicht frei besichtigt werden. Aber es gibt Ausnahmen. Vor allem im Ökolabor informieren geführte Sonderveranstaltungen über das hier laufende Hummer-Aufzuchtprogramm, mit dem die arg dezimierten Helgoländer Hummerbestände wieder reanimiert werden sollen. Auch das CSD bietet interessante Informationsveranstaltungen an. Genaueres erfährt man unter 04725 – 8190 und bestimmt weiß auch die Helgoland-Touristik (04725 – 808 808) bestens Bescheid.

Eiertragende Weibchen werden von den Helgoländer Fischern immer bei der „Bio" abgeliefert.

Das Bluehouse-Projekt

Seit 2014 ist das wegen massiver Bauschäden durch aggressives Seewasser zur BAH gehörende Aquarium dauerhaft geschlossen – zuvor ein mit Besucherzahlen im fünfstelligen Bereich wirklicher Besuchermagnet. Im Unterschied zu den meisten anderen im Küstenbereich angesiedelten Meeresaquarien zeigte es nicht die bunte Fischwelt tropischer Korallenriffe, sondern in großen und kleinen Schaubecken die mindestens so spannende Fauna über dem Helgoländer Felssockel direkt vor der Haustür.
Das derzeit noch bestehende Gebäude wird abgerissen; an seiner Stelle entsteht in den nächsten Jahren ein mit der sympathischen Architektur des bisherigen Aquariums weitgehend identischer Neubau, der allerdings ein völlig anderes Präsentationskonzept mit vielen virtuellen Aktionsmöglichkeiten verfolgen und zudem die vielseitige Arbeit des AWI darstellen wird. Das bisher im Außenbereich eingerichtete Seehundbecken hat dann auch ausgedient, nachdem man die Tiere vor allem auf der Düne in Mengen im Freiland erleben kann.

Blick in den Fanggarten der Vogelwarte Helgoland (Inselstation)

Vogelwarte Helgoland

Die Vogelforschung begann auf Helgoland sozusagen auf Privatinitiative: Der Kunstmaler Heinrich Gätke (1814–1897) kam 1837 zum ersten Mal nach Helgoland, verliebte sich hier, und so war ab 1841 die Insel sein ständiger Wohnsitz. Seinen Lebensunterhalt verdiente er als Sekretär des britischen Gouverneurs.

Gätke, passionierter Jäger und ornithologischer Autodidakt, trug ab 1843 jede Menge Vogelbälge für eine ansehnliche Belegsammlung zusammen, die er 1891 der Biologischen Anstalt Helgoland verkaufte. Sie war der besondere Anziehungspunkt des damaligen Nordsee-Museums, das seinerzeit noch zur BAH gehörte. Der größte Teil seiner Sammlung ging in den britischen Bombenattacken 1944 verloren – nur ein kleiner Teil davon ist heute in der Zentrale der Vogelwarte Helgoland in Wilhelmshaven zu sehen.

Ebenso im Jahr 1891 erschien sein inhaltsreiches Beobachtungswerk *Die Vogelwarte Helgoland* – das war damals jedoch noch keine offizielle Institution, sondern gleichsam Gätkes Privatunternehmen. Gleichwohl zeichnete diese Bezeichnung die heutige Benennung der weltweit angesehenen Institution vor.

Als eigentliches Gründungsdatum der heutigen Vogelwarte gilt der 1. April 1910, damals zunächst und für etliche Jahrzehnte bis zum Wiederaufbau noch eine ornithologische Abteilung der Biologischen Anstalt Helgoland. Sie ist damit weltweit die zweitälteste Institution dieser Art überhaupt (nach Rositten/Ostpreußen, Gründungsjahr 1901). Nach den kriegsbedingten Unterbrechungen startete der Neubeginn wieder 1947 mit der Gründung des jetzt selbständigen Instituts für Vogelforschung in Wilhelmshaven (IfV). Die Helgoländer Vogelwarte, die Inselstation des IfV auf dem Oberland, ist seit März 1953 wieder in Betrieb. Ihr heutiges Stationsgebäude ist das erste auf dem geräumten Oberland wieder fertiggestellte Gebäude.

Zur Station gehört eine wohl durch Abgrabungen entstandene größere Senke (= Sapskuhle), die heute von einer hohen Windschutzmauer umgeben ist. Mehrere Informationstafeln berichten von der Arbeit der Station. Durch gezielte Anpflanzung von Sträuchern und kleinen Bäumen ist hier ein kleines Gehölzparadies mit Teich entstanden, Fanggarten genannt, in der auf dem ansonsten weitgehend gehölzfreien Oberland gerne und zahlreich vor allem durchziehende Kleinvögel einfallen. Das bietet den in der Station tätigen Vogelzugforschern willkommene Gelegenheit, sie in besonders konstruierten Fangreusen einzusammeln und zu beringen: Durchweg werden in jedem Jahr auf Helgoland über 10000 Vögel mit individuell nummerierten Ringen versehen. Aus den Wiederfunden lassen sich wertvolle Rückschlüsse über Zugverhalten und Zugwege ermitteln. Zu Gätkes Zeiten war man in dieser Hinsicht noch sehr auf Spekulationen angewiesen – heute wissen wir dazu deutlich mehr. Interessante Einzelheiten teilen die jeweiligen Jahresberichte der

Die berühmte Helgoländer Trichterreuse half bisher bei der erfolgreichen Beringung vieler zehntausend Kleinvögel.

Der etwas verwunschen wirkende Fanggarten der Vogelwarte Helgoland ist für die ziehenden Kleinvögel ein echtes Paradies zum Verweilen.

Ornithologischen Arbeitsgemeinschaft Helgoland (OAG) mit.
Im Fanggarten werden mit einer besonderen Vorrichtung auch durchziehende Fledermäuse registriert – meist sind es Vertreter der Rauhautfledermaus. Ein hier besendertes Exemplar konnte bis in die Benelux-Staaten verfolgt werden. Residente Fledermäuse gibt es auf Helgoland wohl nicht.
Die Inselstation der Vogelwarte Helgoland bietet zu festgelegten Terminen interessante und unbedingt empfehlenswerte Publikumsführungen (auch für Schulklassen und Studentengruppen) an: Geschulte und kompetente Mitarbeiter führen dann auf unterhaltsame Weise in die Arbeit der Station ein und zeigen auch am lebenden Objekt die Technik der Beringungspraxis.
Rechtzeitige Anmeldungen (strikt empfohlen) unter 04725 – 64 020.

Museum Helgoland

Schon vor der britischen Totalzerstörung der Inselgemeinde Helgoland (1944 – 1952) bestand ein 1899 eröffnetes Museum, das damals im so bezeichneten Conversationshaus an der Kurpromenade untergebracht war. Eine seiner Hauptattraktionen war die Vogelsammlung von Heinrich Gätke. Der gesamte Bestand an Exponaten ging mit dem schweren Bombardement am 18.10.1944 verloren.
Erst 1996 hat die Stiftung Nordseemuseum das neue Museum Helgoland begründet. Heute wird es von einem rührigen Förderverein getragen. Es befindet sich nahe der „Bio“ in der Nordseehalle auf dem Nordostgelände und – seit der 2006 begonnenen Erweiterung um den Museumshof mit Leuchtturm und kleinen Hummerbuden – auch davor. Ausstellungsthemen sind die überaus sehenswerte Fossiliensammlung, die H. H. Stühmer zusammengetragen hat, ferner Darstellungen zum früheren Arbeiten und Leben auf Helgoland, die interessante Postgeschichte Helgolands mit einzigartiger Briefmarkenkollektion sowie die Würdigung markanter mit Helgoland verbundener Persönlichkeiten, wie der bekannte und immer noch gerne gelesene Kinderbuchautor James Krüss, der Inselfotograf Franz Schensky und der Reeder Cassen Eils.

Ein abendlicher Blick auf das Museumsdorf vor der Nordseehalle

Museumspädagogische Angebote und Sonderausstellungen ergänzen das bemerkenswerte Informationsangebot. Im Museumshof befindet sich die Replik eines bronzezeitlichen Steinkistengrabes aus Helgoländer Muschelkalkplatten, das der Mitbegründer der Archäometrie, Otto Olshausen, 1893 auf dem Oberland bei der Ausgrabung des Grabhügels *Lütje Berg* entdeckte (vgl. S. 143). Es wird auf etwa 1600 v. Chr. datiert und ist insofern ein bemerkenswertes Dokument der frühen Helgoländer Besiedlungsgeschichte. Das metallene Grabinventar, das auf eine damals hochgestellte Persönlichkeit hinweist, ging in den Wirren des Zweiten Weltkriegs in Berlin leider verloren.
Weitere Informationen unter www.museum-helgoland.de sowie unter 04725 – 1292.

Helgoländer Leuchtturm

Ein markantes Gebäude auf dem Oberland nahe der Westklippe ist der 34 m hohe Leuchtturm, den man allerdings nur von außen in Augenschein nehmen kann. Während des Zweiten Weltkriegs diente er als Flak-Leitstand und war das einzige Gebäude, welches die niederträchtige Sprengung durch die Briten sowie die anschließenden Bombardements einigermaßen unbeschadet überstand. Nach einigen Provisorien wurde der Turm 1964 als Leuchtfeuer hergerichtet und in Betrieb genommen. Die Feuerhöhe beträgt 82 m über

Das weithin wahrnehmbare Helgoländer Leuchtfeuer – das stärkeste in der Deutschen Bucht – wird allabendlich vom ehemaligen Flakturm abgestrahlt.

dem Meer und ermöglicht mit seiner 35 Mio. Candela starken Xenon-Hochdrucklampe eine Tragweite von bis zu 28 sm (rund 50 km). Alle 5 s blitzt das Leuchtfeuer auf – und je nachdem, wo man auf Helgoland Quartier bezogen hat, huscht es damit auch regelmäßig über die Bettdecke, obwohl die stark zentrierten Lichtbündel im Unterschied zu allen anderen Leuchtfeuern an der deutschen Nordseeküste horizontal abgestrahlt werden. Die neuerlich montierten umfangreichen Antennengeschirre betonen, dass im Zeitalter der Radar- und Satellitennavigation auch bei der Seeschifffahrt Leuchtfeuer dieses Typs eigentlich ausgedient haben – aber sicher ist sicher. Seit 1982 gibt es übrigens keinen eigenen Leuchtturmwärter mehr – die gesamte Einrichtung wird durch eine im Turm eingebaute Schaltvorrichtung automatisch gesteuert.

Die Inselgeschichte – ein gedrängter Überblick

Helgoland ist zwar nur eine kleine Insel, war aber vor allem in der Neuzeit wegen ihrer Lage auf vorgeschobener Seeposition ein ständiger Spielball der anrainenden Großmächte. Die häufig wechselnden Hoheiten und Zuständigkeiten füllen umfangreiche Bücher (vgl. die Literaturliste im Anhang). Wir beschränken uns hier bei unserer nur kurzen Betrachtung auf die wesentlichen Entwicklungsstadien.

Ein früher Beleg

Ein bemerkenswertes Zeugnis für die frühe Besiedlung Helgolands findet sich im Neuen Museum in Berlin. Dort steht eine steinerne Grabkiste, die Ende des 19. Jahrhunderts auf der Insel ausgegraben wurde.
Otto Olshausen entdeckte sie 1893 auf dem Oberland bei Ausgrabungen am Grabhügel Lütje Berg („kleiner Berg") – die berühmte Steinkiste von Helgoland. Olshausen war promovierter Chemiker, der 1880 in den beruflichen Ruhestand gegangen war und sich als Privatgelehrter an Ausgrabungen auf Helgoland und Amrum beteiligte.

Das berühmte bronzezeitliche Steinkistengrab steht heute als Replik vor dem Helgoland-Museum

Lithographie von Robert Havell (1810): Die flanierenden Herrschaften sind britische Händler zur Zeit der Kontinentalsperre. Man beachte die noch unverbaute und unzerstörte Westklippe.

In der 2 x 2,50 m großen Steinkiste lag ein männlicher Leichnam mit diversen Schmuckbeigaben. Wer dieser Mann war, weiß bis heute niemand. Da es aber ein sehr aufwendig ausgestattetes Grab war, muss es eine hochgestellte und auch wohlhabende Person gewesen sein. Die außergewöhnlichen Funde wurden nach Berlin transportiert – und gingen leider verloren. Das Skelett und die Beigaben waren schon kurze Zeit später nicht mehr auffindbar. Die Steinplatten wurden im Martin-Gropius-Bau aufgestellt, der im Zweiten Weltkrieg jedoch schwer getroffen wurde und niederbrannte. Während des Kalten Krieges stand der Bau einsturzgefährdet an der Grenze zum Ostsektor und durfte nicht betreten werden. Unklar war, was mit dem Grab geschehen war. „Auch das Wissen über diese Steine ging verloren", sagt Jörg Andres. Denn als in den späten 1950er-Jahren in den Trümmern des Gropiusbaus eine Holzkiste mit Steinplatten gefunden wurde, fanden sich dazu keine Unterlagen mehr. Schließlich endete das Steinkistengrab im Schlosspark Charlottenburg – datiert in die Steinzeit, falsch zusammengesetzt und zudem ohne Ortsbezeichnung. Auch der Helgoländer Museumsleiter Jörg Andres war 2005 zufällig dort – ohne zu ahnen, an welcher Besonderheit er gerade vorbeispaziert war. Erst als der Umzug des Museums für Vor- und Frühgeschichte in das Neue Museum in Berlin anstand, wurde die wahre Herkunft wiederentdeckt. „Fachleute merkten, das stimmt alles nicht", berichtet Andres. Sie fanden in Archiven die richtigen Papiere wieder. Eine Bohrung gab Sicherheit: Das Gestein stammt von Helgoland.

Jahrzehntelang war das Helgoländer Steinkistengrab aus der Bronzezeit in Vergessenheit geraten. Heute stehen die auf den ersten Blick unscheinbar wirkenden Steinplatten im Neuen Museum in Berlin direkt neben ägyptischen Sarkophagen. Das Grab datieren Experten auf das 16. Jahrhundert vor Chr., also in die frühe Bronzezeit. Mehr als 70.000 Euro hat die Replik gekostet – finanziert vom Museum Helgoland, von der Kulturstiftung des Landes Schleswig-Holstein und privaten Unterstützern. „Es ist das einzige Relikt, das den Reichtum der bronzezeitlichen Bewohner Helgolands durch den Abbau der dortigen Kupfervorkommen dokumentiert", sagt Marion Bertram, Kuratorin im Berliner Museum für Vor- und Frühgeschichte. Heute gibt es auf Helgoland keine weiteren Spuren der Bronzezeit mehr. „Umso wichtiger ist es, dass der Ursprung und die Bedeutung dieser Steinkiste rekonstruiert werden konnten".

Mit der Gründung des Seebades (1826) durch Jacob Andresen Siemens erlebte Helgoland einen anfänglich noch bescheidenen wirtschaftlichen Aufschwung. Der Badebetrieb wurde – reichlich verschämt – über solche Strandkarren (Nachbau) abgewickelt.

Die ersten Siedler

Eindeutig waren die Friesen die ersten sesshaften Besiedler Helgolands. Aber immer wieder wurden sie von fremden Mächten beherrscht. Es begann mit der Christianisierung, die friesischen Heiligtümer wurden zerstört und das Kreuz aufgestellt. Dann folgten wechselnde Landesherren: Die Dänen, die Schleswig-Gottorfer, die Hanse – jeder hatte irgendwann mal kurzzeitig Interesse an dieser Insel und nahm sich das Recht heraus, sie zu besetzen oder zu beherrschen. Die erste gesicherte schriftliche Erwähnung stammt aus der Zeit um 800. Sie berichtet von christlichen Missionierungsversuchen der friesischen Stämme, welche die Insel bewohnten.

Die Idylle mag täuschen – das Leben auf einer so entlegenen Insel war zu keinem Zeitpunkt einfach (Aufnahme Franz Schensky 1910). In der Bildmitte erkennt man zum Trocknen aufgehängte Dorsche. Mit freundlicher Erlaubnis des Fördervereins Museum Helgoland.

Wie ganz Nordfriesland, also der nördliche Teil des heutigen Schleswig-Holsteins, stand auch Helgoland im 12. und 13. Jahrhundert unter der dänischen Krone. Ab dem 14. Jahrhundert galt die Insel als dänisch. Die Dänen begannen damit, Helgoland als Seefestung auszubauen und Militär auf der Insel zu stationieren – allerdings in eher bescheidenem Umfang, berichtet Jörg Anders. „Da war die Wirtschaftskraft Helgolands wieder so gering, dass auch die dänische Garnison hier bettelarm war und teilweise bei der Helgoländer Bevölkerung um Essen betteln musste. Die bestand halt auch nur als alten Leuten und Invaliden. Es war eine verdammt ruhige Zeit für Helgoland und eine sehr arme Zeit. Und auch das Interesse der anderen Mächte an Helgoland war sehr gering."

Das änderte sich schlagartig mit der Kontinentalsperre, die Napoleon am 21. November 1806 in Berlin gegen Großbritannien verhängte. Nach dem Sieg über Napoleon bei Trafalgar wollte die britische Flotte verhindern, dass die Franzosen sich mit der dänischen Flotte vereinigten – und machte sich auf den Weg, Kopenhagen zu überfallen. Im Zuge dieser Manöver der Franzosen gegen die Briten besetzten am 5. September 1807 britische Truppen die Insel. Das seit dem Jahre 1714 fast 100 Jahre in dänischem Besitz befindliche Helgoland ging nun an die Engländer über. Dänemark zeigte schon bald nach der Besetzung ein nur sehr geringes Interesse an Helgoland.

Der „Union Jack" weht über der Insel

Zwischen Dänemark einerseits und Schweden und dem Vereinigten Königreich andererseits wurde am 14. Januar 1814 der „Kieler Frieden" abgeschlossen. Dieser Frieden führte vor allen in Skandinavien zu umfassenden Veränderungen. Gleichzeitig aber wurde Helgoland eine britische Insel. Statt des „Dannebrog", der dänischen Nationalflagge, wehte nun also der „Union Jack" über Helgoland – aber das schien den Helgoländern relativ egal zu sein. Die friesischen Wurzeln, die zeitweise sehr abgeschiedene Insellage – schon immer hatten die Bewohner Helgolands eine sehr stark ausgeprägte eigene Identität, betont Thomas Steensen, Direktor des Nordfrisk Instituut. „Die haben sich als erstes als Helgoländer gefühlt, dann haben sie sich als Friesen auch gefühlt […] – und ich glaube, das Ganze hat dann auch die Identität sehr stark beeinflusst."

Nicht nur von dem Helgoländer Schriftsteller James Krüss (1926 – 1997) soll die Aussage stammen, dass es den Helgoländern gleichgültig war, wer gerade die Insel beherrschte – so lässt sich wohl das ausgeprägte Selbstbewusstsein der Insulaner am ehesten in Worte fassen: „Landesfahnen, Landesherren sind gekommen und gegangen. Und man hat sie grad so gern fortgelassen wie empfangen. Wenn die alten Rechte bloß rein und unbeschnitten blieben, hat man sich bedingungslos jedem neuen Herrn verschrieben. Also, wenn sie man Helgoländer bleiben konnten, wenn sie ihre Selbstverwaltung hatten, ihre Rechte, dann hat sie das wenig interessiert."

Auf dem Festland war der Wunsch nach einem geeinten Deutschland und gegen die Kleinstaaterei weiterentwickelt als auf der Insel. Die Festländer konnten auf dem britisch besetzten Helgoland ihre Meinung besser austauschen und verkünden als auf dem deutschen Festland. Und so waren schon 1830 Heinrich Heine (1797 – 1856) und Andere hier, weil sie „drüben" verfolgt wurden. Helgoland wurde zum Treffpunkt der Oppositionellen aus dem alten, nicht nur deutschsprachigen Mitteleuropa. Stark vertreten war die österreichische Opposition.

Die Insulaner genossen weiterhin ihre Freiheiten. Sie wurden in der britischen Zeit nicht als Unterdrückte behandelt. Als wichtigstes Privileg galt damals die Zollfreiheit. Mit den Briten kam 1807 auch tatsächlich eine kurze wirtschaftliche Blütezeit. Englische Kaufleute nutzten die Insel als Lager- und Umschlagsplatz für den Schmuggel ihrer auf dem Festland überaus begehrten Waren aus den Kolonien. In dieser Zeit war Helgoland täglich Anlaufpunkt für hunderte Boote und Schiffe. Die Insulaner profitierten von den Pachteinnahmen für die Warenlager und auch direkt vom Schmuggel, schließlich kannten sie sich als Lotsen in den Gewässern um Helgoland bestens aus.

Der englische Gouverneur von Helgoland, William Osborne Hamilton (1750 – 1818), arbeitete zusammen mit einem einheimischen Rat. Zunächst galt es, die durch die Kontinentalsperre hervorgerufene Not zu lindern. Durch die Boykottmaßnahmen verloren die Helgoländer ihre wichtigsten Einkommensquellen: Lotsendienste auf den schwierigen Seewegen nach Hamburg und Bremen sowie ihre Fischmärkte in Schleswig-Holstein.

Nach dem Ende der Kontinentalsperre (1814) fiel Helgoland wiederum in bittere Armut. Mit der Gründung des Seebades durch den weitsichtigen Helgoländer Jakob Andresen Siemens (1794 – 1849) kam es zu einer kleinen wirtschaftlichen Erholung. Der Startschuss für den Badebetrieb auf der Insel fiel im Jahr 1826 – im ersten Sommer kamen allerdings nur etwa 100 Badegäste, die mit offenen Segelbooten z.T. mehr als zwölf Stunden unterwegs waren. Erst 1834 begann mit zwei Raddampfern von Hamburg aus der regelmäßige Bäderverkehr nach Helgoland und die Besucherzahlen stiegen kontinuierlich – 1838 waren es schon mehr als 1000 Dauergäste.

Mit ihnen kamen auch Querdenker und oppositionelle Geister, die auf der Insel gegen politische Willkür und Kleinstaaterei und besonders gegen den preußischen Absolutismus anschrieben. Bädertourismus und aufkeimendes deutsches Nationalgefühl unter dem „Union Jack“ direkt vor der deutschen Küste.

Eine Insel der Künstler und Literaten

Der eigentliche Schatz der Insel lag lange verborgen: die liberale literarische Tradition zwischen 1830 und 1860. August Heinrich Hoffmann von Fallersleben (1798 – 1874) schrieb im August 1841 auf Helgoland das „Lied der Deutschen“– zusammen mit dem Kaiserquartett von Joseph Haydn erklärte Reichspräsident Friedrich Ebert es 1922, knapp 50 Jahre nach dem Tod des Dichters, zur Nationalhymne. Das Lied war ein Appell gegen die Kleinstaaterei auf dem Festland und Ausdruck eines tiefen Wunsches nach Vereinigung der deutschsprachigen Gebiete zu einem Staat. Daraus wird später die erste Strophe der bundesdeutschen Nationalhymne, die allerdings nicht gesungen werden darf. Auch ins Grundgesetz hat es die Hymne nicht geschafft. Seit 1991 ist die dritte Strophe des *Liedes der Deutschen* die offizielle deutsche Nationalhymne.

Büste von Heinrich Hoffmann von Fallersleben auf der Siemensterrasse

Helgoland kommt in das deutsche Kaiserreich

Ein erneuter Flaggenwechsel, die Übergabe Helgolands an das deutsche Kaiserreich im Jahre 1890, deutete sich früh an. Der spätere Kaiser Wilhelm II. verkündete schon 1872 bei einem Besuch auf der Insel, Helgoland müsse eigentlich zu Deutschland gehören. Die Briten ihrerseits hatten bereits direkt nach der Kontinentalsperre kurzfristig die Rückgabe Helgolands an die Herzöge von Schleswig-Gottorp erwogen und später über einen Verkauf an Hamburg nachgedacht – jetzt allerdings tat sich Queen Victoria schwer damit, Helgoland ihrem Enkel, dem deutschen Kaiser Wilhelm II., zu überlassen. Fast schien es, als ahnte sie, was sich da zusammenbraute, meint der Kieler Historiker Martin Krieger.
Mit dem „Vertrag zwischen dem Deutschen Reich und dem Vereinigten Königreich über die Kolonien und Helgoland" übergaben die Briten 1890 die Insel an das deutsche Kaiserreich. Hartnäckig hält sich seither das Gerücht,

Im Jahre 1916 fotografierte der Inselfotograf Franz Schensky den Helgoländer U-Boothafen. Mit freundlicher Erlaubnis des Fördervereins Museum Helgoland.

der Kaiser habe damals die Insel Sansibar vor der ostafrikanischen Küste im Indischen Ozean im Tausch hergegeben. Der selten zitierte vollständige Titel sagt, worum es tatsächlich ging – eben die Kolonien und Helgoland, und kein Wort von der Gewürzinsel Sansibar im Indischen Ozean.

Seltsame Vorlieben

Schon als kleiner Junge entwickelte Wilhelm II. eine große Leidenschaft für die Seefahrt. Kriegsschiffe spielten bei diesen Träumen sicherlich eine große Rolle. Als Kind zu Besuch bei seiner Großmutter Queen Viktoria in England bewunderte er die englischen Schiffe und schon früh träumte der spätere Kaiser von einer eigenen Flotte. Er beschäftigte sich intensiv mit Schiffbau, zeichnete, malte und konstruierte auch schon früh den Bauplan für seine Dampfjacht „Hohenzollern".
Wilhelm II. wollte das Deutsche Reich zur Weltmacht führen. Dazu gehörte es, sich kolonialen Einfluss zu sichern. Die Nachbarländer waren auf diesem Gebiet schon wesentlich weiter. Reichskanzler Bernhard von Bülow (1849 – 1929) forderte „einen Platz an der Sonne" für das Reich. Ohne eine große Flotte, da war sich Wilhelm II. sicher, kann es diesen Platz nicht geben. Mit

Auch die umfangreichen Hafenanlagen Helgolands sind ein bauliches, heute aber eher segensreiches Erbe aus der Zeit des Ausbaus zur Seefestung.

dieser Aufgabe wurde Großadmiral Alfred von Tirpitz (1849 – 1930) betraut. Die aufzubauende Flotte sollte der britischen Flotte ebenbürtig werden. In mehreren Flottengesetzen wurde das finanziell anspruchsvolle Projekt auf den Weg gebracht. Der Etat stieg im Lauf der Jahre von einem Zehntel auf drei Zehntel der gesamten Militärausgaben des Deutschen Reiches. Die Flotte sollte 60% des Umfangs der britischen Flotte erreichen. Schwergepanzerte und feuerstarke Linienschiffe sollten Deutschlands Küste verteidigen und den Handelsverkehr schützen. Weiterhin erhoffte man sich als starke Seemacht eine größere Attraktivität als Bündnispartner. Die kaiserliche Marine erreichte in Deutschland schnell große Popularität. Sie bot sowohl Söhnen aus bürgerlichen wie aus armen Verhältnissen eine gute Möglichkeit, ohne finanzielle Unterstützung Karriere zu machen. Die Nachbarn Deutschlands nahmen den Flottenbau indessen sehr kritisch zur Kenntnis. Wirtschaftlich war das Kaiserreich schon eine Macht, das Deutsche Heer galt als eine der größten Militärmächte der Welt, und jetzt wollten die Deutschen auch noch die Weltmeere erobern.

Dazu formulierte der politisch weitsichtige Winston Churchill (1874 – 1965) später: „Die Hämmer, die auf den Werften von Kiel und Wilhelmshaven erklangen, schmiedeten die Koalition, an der Deutschland zugrunde ging". Dieses

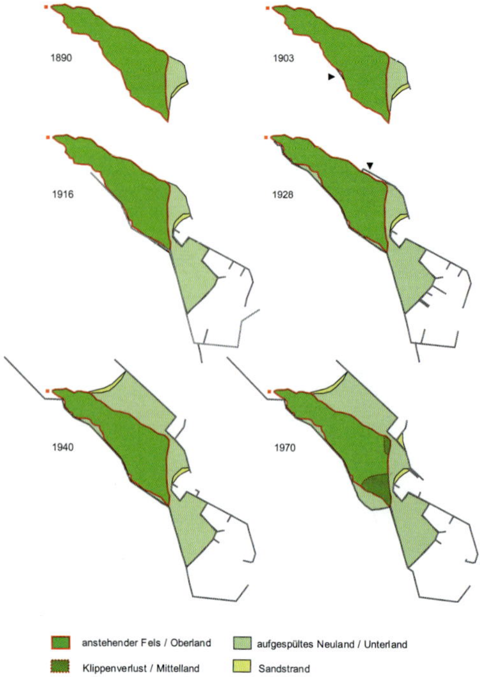

Flächenentwicklung Helgolands: Die stärksten Veränderungen fanden zwischen den beiden Weltkriegen statt. Verändert nach W. Krumbein (1970)

Zitat spiegelt die Sichtweise des Auslands wider. Der Flottenbau schürt die Angst vor einem übermächtigen Deutschen Reich. Es ist dieses Erstarken Deutschlands, das Russland, Frankreich und Großbritannien gegen Deutschland gemeinsam in Stellung bringt. Dass die Ängste der Nachbarn vor der Stärke der deutschen Flotte allerdings unbegründet waren, zeigte sich im Ersten Weltkrieg: Da spielte die Flotte des deutschen Kaisers keine große Rolle.
Es war denn doch das deutsche imperiale Bestreben, dieses deutsche Streben nach diesem berühmten „Platz an der Sonne", der dann Helgoland immer wichtiger machte – einerseits als potenziellen Flottenstützpunkt, andererseits aber auch als Symbol der deutschen Identität, des deutschen Nationalismus.
Erst Anfang 1890 kam Bewegung in die Helgolandfrage – und schließlich gab es am 01. Juli den Vertragsabschluss. Damit verzichtete Deutschland u.a. auf eine Einflussnahme auf Sansibar und erkannte die britische Schutzherrschaft über die Insel an. Außerdem trat die britische Krone Helgoland an das Kaiserreich ab – deshalb der Name „Helgoland-Sansibar-Vertrag". Von einem Tausch Helgoland gegen Sansibar kann aber keine Rede sein, denn Sansibar war zu keiner Zeit eine deutsche Kolonie. Deutschland trat aber große Teile seiner ostafrikanischen Kolonien an die Briten ab und erhielt dafür die vergleichsweise winzige Insel Helgoland – das kam im Reich nicht überall gut an.
Am 10. August 1890 übernahm Wilhelm II. vom britischen Gouverneur Arthur Barkly (1843 – 1890) offiziell diese „winzige Insel" für das Kaiserreich. Ab jetzt hatte auf Helgoland der preußische Staatsminister Karl Heinrich von Boetti-

cher (1833 – 1907) das Sagen. Euphorisch feierte das Berliner Tageblatt bereits am Vortag das Ereignis:
„Kaiser Wilhelm hat Englands gastliche Küste verlassen und steuert von deutschen Kriegsschiffen umgeben dem sagenumwobenen Nordseeeiland zu, welches er morgen als wiedererworbenen deutschen Besitz betreten wird. Zum letzten Mal flattert heute die englische Flagge von dem rosaschimmernden Helgoland, das von morgen an unter dem schwarz-weiß-roten Banner einer neuen Zukunft entgegengeht. Ein alter, sehnsüchtiger Wunsch des deutschen Volkes ist erfüllt; der steinerne Wartthurm im Meere vor den Mündungen breiter deutscher Ströme ist mit dem natürlichen Vaterland wiedervereinigt."
Historisch ist Helgoland Teil des Herzogtums Schleswig und nie deutsch gewesen – insofern ist diese Idee von der Wiedervereinigung einfach falsch! Allerdings ist nicht zu leugnen, dass mit der kleinen Insel in der Nordsee auch eine gewisse Deutschtümelei einhergeht. Reichskanzler Otto von Bismarck (1815 – 1898), der den Helgoland-Vertrag als schlecht verhandelt kritisierte, räumte jedoch ein, „in dem Besitze dieses Felsens" liege „eine Genugthuung für unsere nationalen Empfindungen".
Jahrhundertelang waren die Machtverhältnisse zur See geklärt. Seemächte wie England und Spanien, Holland oder Portugal beherrschen die Weltmeere. Das Deutsche Reich spielt dabei keine wesentliche Rolle, sein Betätigungsfeld bleibt der Kontinent. Das ändert sich, als Wilhelm II. (1859 – 1941) den Kaiserthron besteigt. Seine Begeisterung für alles Maritime lässt ihn schon als kleiner Junge von einer großen Flotte träumen. Die Verwirklichung seines Traums soll die Kräfteverhältnisse in Europa Anfang des 20. Jahrhunderts arg ins Wanken bringen.
Es lag aber mehr als eine nationale Empfindung dahinter, zumindest beim Kaiser und bei der Wehrmacht: Beide hatten vor, die kleine Insel zu einer Seefestung und später zu einem Marinestützpunkt auszubauen. Beiden ging es nicht um Verteidigung, sondern um Führungswahn.

Helgoland wird Seefestung

Unmittelbar nach der Übernahme der Insel begann der (erste) Ausbau Helgolands zu einem Marinestützpunkt – mit gigantischem Aufwand entstand eine Seefestung mit einer militärischen Besatzung, die schließlich die Zahl der Inselbewohner um rund ein Drittel überschreiten sollte. Michael Herms schreibt treffend: „Die Leidenschaft seiner Majestät erwies sich für die Insel nicht nur zum Guten. [...] Zum Aufbau wilhelminischen Weltmachtstrebens gehörte der Bau einer Seekriegsflotte, des Kaisers liebstes Kind". Helgoland bot eine

Die weit nach NW vorgreifende Mole, die heute das Nordost- vom Westwatt trennt, ist der schon 1941 aufgegebene Plan des wahnsinnigen Nazi-Projektes „Hummerschere"

strategisch günstig gelegene Ausgangsbasis.

Ein riesiges Tunnelnetz sowie Bunkeranlagen werden in den Felsen gebohrt, ein neuer Hafen, der heutige Südhafen, wird errichtet, und auf dem Oberland entstehen Geschützstellungen mit Kanonen von beängstigendem Kaliber.

Schon am 2. August 1914 begann der Erste Weltkrieg – für die Helgoländer mit der Evakuierung der Zivilisten. Am 9. November 1918, Tage nach dem Ende des verlorenen Krieges, kehrten sie wieder zurück und fanden ihre Häuser von deutschen Soldaten geplündert vor. Die ersten Nachkriegsjahre waren geprägt von weiteren Zerstörungen auf der Insel – der Versailler Vertrag verlangte den radikalen Rückbau sämtlicher Militäranlagen und Häfen. In dieser Zeit der Weimarer Republik entstand so etwas wie ein „Helgoländer Separatismus" – so empfanden Regierungsvertreter in Berlin den in der Bevölkerung zeitweise aufflackernden Wunsch nach einem „zurück nach England" bzw. „zurück nach Dänemark". Beide Bewegungen konnten sich nicht durchsetzen – Helgoland blieb deutsch und wurde nach der Machtergreifung durch Hitler 1933 erneut zur Seefestung ausgebaut.

Bei James Krüss (1926 – 1997) heißt es in der „Historie von der schönen Insel Helgoland": *Wieder kommt ,ne Festung her,*
Brüllt der austrische Gefreite.
Wieder gibt es Militär. Wieder Krieg.
Und wieder – Pleite.

Nach dem ersten verlorenen Weltkrieg folgte bekanntlich der zweite. Die militärischen Anlagen aus dem Ersten Weltkrieg wurden zwar zurückgebaut, aber nicht zerstört. Ab 1935 begann im Zuge der vom NS-Regime betriebenen Aufrüstung erneut der Ausbau zum Marinestützpunkt. Das Projekt

„Hummerschere" war ein militärisches Großprojekt der Nazis zur Errichtung eines künstlichen Marinestützpunkts am Nordende von Helgoland, das ab 1938 den Bau eines riesigen Marinehafens vorsah. Der Ausbau Helgolands zum Marinestützpunkt ist als Gegenstück zum Ausbau britischer Stützpunkte auf den schottischen Orkney-Inseln in der Bucht von Scapa Flow und zur Vermeidung von Seeblockaden zu sehen. Helgoland sollte ein gigantischer Einsatzhafen werden, Basis für die gesamte Kriegsflotte. Dafür wollte man die Insel um das Drei- bis Vierfache, die Düne sogar um das Zehnfache vergrößern. Schon 1941 wurden die Baumaßnahmen eingestellt. Vollendet und einsatzfähig waren nur der gigantische U-Boot-Bunker Nordsee III im Südhafen mit 2 – 3 m mächtigen Decken, ferner Marineartilleriebatterien, ein Luftschutzbunkersystem mit umfangreichen Stollen sowie der Flugplatz mit der Luftwaffen-Jagdstaffel Helgoland (April – Oktober 1943). Bombardierungen der britischen Royal Air Force fanden erstmalig am 18. und 19. April 1945 statt, dann allerdings unfassbar heftig. 1000 Flugzeuge der Royal Airforce warfen etwa 7000 Bomben ab. Die Fläche von Helgoland beträgt 4,4 km^2. Es blieb kein Stein auf dem anderen.

Auch für die Zivilbevölkerung wurden seinerzeit umfangreiche Bunker angelegt. Man kann sie heute im Rahmen von Führungen besichtigen.

„Wir hatten gleich am ersten Sonntag im Krieg den ersten kleinen Angriff hier mit englischen Flugzeugen. Und das setzte sich dann im Laufe des Krieges weiter fort, nur dass die Angriffe immer schwerer wurden. Zum Anfang hatten wir ja keine bombensicheren Bunker, sondern mussten noch in den Hauskellern ausharren. Und dann wurden zum Schutze der Bevölkerung die Schutzbunker gebaut, die uns allen 1945 das Leben gerettet haben."
Tief unten im Fels überstanden die Helgoländer den letzten Großangriff der Briten, der am 18. April 1945 mit mehreren hundert Bombern in drei Wellen fast die gesamte bebaute Oberfläche der Insel zerstörte. Tags darauf musste die

Der feingeschichtete Buntsandstein hat bei der Inselsprengung weitaus Schlimmeres verhindert – er ließ durch Schichtbewegungen einen Großteil der Druckwelle einfach verpuffen.

Zivilbevölkerung – wieder einmal – die Insel verlassen, und am 11. Mai übernahmen – wieder einmal – die Briten das Kommando auf dem roten Felsen in der Nordsee. Und die begannen – wieder einmal – sofort damit, die Zerstörung aller militärischen Anlagen vorzubereiten. Monatelang transportierte die Marine Munition auf die Insel, vor allem in die Hauptbunkerräume an der Südspitze. Der U-Boot-Bunker und die großen Geschützstellungen auf dem Oberland wurden regelrecht vollgestopft mit Sprengstoff. Mit der Operation „Big Bang“ am 18. April 1947 sollten diese Anlagen für alle Zeiten zerstört werden. Die gewaltigen angesammelten Sprengladungen wurden von See aus per Funk gezündet – das eingesetzte Kriegsschiff des Typs „Zerstörer“ trug in diesem Fall seine Bezeichnung völlig zu Recht.

Angeblich wollten die Briten mit der Seefestung Helgoland kein Risiko mehr eingehen. Lange hielt sich das Gerücht, die Briten hätten gar die ganze Insel in die Luft jagen wollen. Als sich die Wolken der bislang heftigsten nichtnuklearen Detonation verzogen hatten, rieben sich alle die Augen: Trotz massiver Zerstörungen stand die Insel noch. Die markante Wechsellagerung von relativ festem rotem Buntsandstein und viel weicheren hellen Mergeln hat den gewaltigen Explosionsdruck einfach „verschluckt“ (oder physikalisch korrekt dissipiert). Wäre Helgoland eine Granitinsel, wäre tatsächlich wenig verblieben.

Der oft geäußerte Gedanke, dass die Insel von der Meeresoberfläche verschwinden sollte, war schon verständlich. Das seien aber nur „Geschichten aus der Nachkriegszeit“, entstanden vor dem Hintergrund damaliger Emotionen, erläutert Jörg Andres, Leiter des Museums Helgoland. „Helgoland sollte niemals gesprengt werden.“ Die Befehle der britischen Streitkräfte zu der damaligen Aktion seien da vollkommen unmissverständlich. Darin sei nur von der Zerstörung der Befestigungsanlagen die Rede.

Der „Big Bang“ ist aber durchaus ein Tiefpunkt in der wechselvollen Geschichte der Insel, die sich als vorgeschobenes Schmugglernest, aber auch als Seebad einen Namen gemacht hat. Diese Sprengung war eine unangemessene

Reste der gesprengten Militäranlagen sind im Bereich des Mittellandes noch vorhanden – sie haben im Prinzip Denkmalwert.

Demonstration. Das Grollen war bis an die mehr als 60 km entfernte Küste bei Cuxhaven zu hören, die kilometerhoch aufsteigende Staubwolke von den Deichen dort gut sichtbar.

Hermann Rockmann vom damaligen NWDR-Hamburg beobachtete den „Big Bang". Als der Qualm sich verflüchtigt hatte, wurde deutlich: Helgoland war erhalten geblieben – zum großen Teil jedenfalls. Die gesamte Südspitze des Oberlands war verschwunden, ein riesiger Krater ist von den militärischen Bunkeranlagen in diesem Bereich geblieben. Der Rest der Insel hatte die Detonation überstanden. Und er überstand auch die regelmäßigen Abwürfe von Übungsbomben der Royal Air Force in den folgenden Jahren. Mit zunehmender Sorge beobachteten viele Helgoländer und auch Menschen vom Festland diesen Missbrauch ihrer Insel als „natürliches Bombenziel" – einige wandten sich an die Regierung in London mit der Bitte, Großbritannien möge doch den Bewohnern seiner ehemaligen Kronkolonie beistehen.

Passend und richtig zu dem schrecklich „Big Bang" sagt der schon erwähnte James Krüss: „Das haben uns die Deutschen eingebrockt." Und zu dem Nachkriegsbombardement und dem „Big Bang" sagt er ebenso treffend: „Für uns ging der Krieg einfach weiter".

Die beim militärischen Ausbau neu hinzugewonnen Flächen bedürfen eines nachhaltigen Schutzes: Tetrapodenbollwerk vor der Düne.

Erneut deutsch

In einer mutigen Aktion hissten die Heidelberger Studenten Georg von Hatzfeld (Soziologe, 1929 – 2000) und René Leudesdorff (ev. Theologe, 1928 – 2012) zur Jahreswende 1950/1951 auf dem stehengebliebenen Flakturm auf dem Oberland die Deutschland- und die Europaflagge. Daraufhin stellte die Alliierte Hohe Kommission das Betreten der Insel unter Strafe. Der britische Bombenterror ging indessen weiter – die letzten Bomben fielen am 21. Februar 1952. Am 1. März 1952 übergaben die Briten – wieder einmal – Helgoland an Deutschland. Die Insel wurde damit ein Teil von Schleswig-Holstein.
Dem waren schwierige Verhandlungen vorausgegangen. In Großbritannien galt Helgoland als britische Insel, und was sprach für eine Übergabe an Deutschland nach einem gewonnen Krieg? In Großbritannien gingen schwierige und phasenweise gewiss auch frustrierende Verhandlungen mit dem für Deutschland schmeichelhaften Ergebnis der Übergabe (nicht Rückgabe) voraus. Insbesondere in Kreisen des traditionell betonköpfigen britischen Militärs war man von einer Übergabe der Insel an die junge Bundesrepublik Deutschland wenig begeistert, obwohl es eine interessante (und womöglich noch nicht geklärte) Frage ist, ob die Briten völkerrechtlich überhaupt das

Helgolands Keimzellen beim Neuaufbau nach 1953 waren die Hummerbuden am Südhafen, ursprünglich Geräteschuppen der Fischer. Heute beherbergen sie meist vielerlei Boutiquen, Galerien und Studios – und das Helgoländer Standesamt.

Recht hatten, die planmäßige Zerstörung des heutigen Naturparadieses Helgoland systematisch zu betreiben. Verständnis dafür und für einen sinnlosen „Big Bang“ zu entwickeln, ist auch aus heutiger Sicht gänzlich unmöglich und so ist es eine nachvollziehbare Konsequenz, dass heute in der Flaggenparade der Landungsbrücke der zu Recht unbeliebte Union Jack schlicht fehlt.

Wiederbeginn und Neuaufbau

Nach der Frei- und Übergabe der Insel – der 1. März ist auf Helgoland immer noch ein besonderer Gedenktag – waren zunächst immense Aufräumarbeiten zu leisten. Wenn man sich die eindrucksvollen historischen Fotos der total zerstörten Inselgemeinde anschaut, ist die gewaltige Leistung der eingesetzten Bautrupps kaum vorstellbar. Zudem musste das Inselgelände überall auf Blindgänger kontrolliert werden.
Aber spätestens seit 1953 setzte die Neubegründung der Inselgemeinde Helgoland ein. Auch deren allmähliche Wiederbesiedlung in den neu entstehenden, beeindruckend schönen Wohngebäuden ist eine historische Leistung: Die in Kriegstagen evakuierte Helgoländer Bevölkerung war immerhin über

Selbst die dichte Bebauung des Unterlandes wirkt ausgeglichen und harmonisch – eine absolute Meisterleistung der neueren Architektur.

rund 150 Gemeinden in Niedersachsen und Schleswig-Holstein verstreut. Die überall lose umherliegenden Fäden wieder erfolgreich zusammenzuführen, ist sicherlich die bemerkenswerteste Lebensleistung des ersten Helgoländer Bürgermeisters Henry P. Rickmers (1919 – 2013).

Helgolands Neubeginn nach den immensen Kriegszerstörungen ist glücklicherweise keine Rekonstruktion der untergegangenen alten Bausubstanz, die so ansehnlich aus heutiger Wahrnehmung vielleicht gar nicht war. Der zu Recht berühmte Inselfotograf Franz Schensky (1871 – 1957), der auch im Museum Helgoland in einer Sonderausstellung gewürdigt wird, hat zwar etliche lauschige Winkel im Bild festgehalten und auch das sicherlich nicht einfache Leben auf der Insel eindrucksvoll dokumentiert, aber ein richtig ansehnliches und schönes Inseldorf war Helgoland weder auf dem Unter- noch auf dem Oberland damals sicherlich nicht.

Die vor allem nach Plänen des bedeutenden Architekten Hans Scharoun (1893 – 1972) neu entstandene Inselgemeinde Helgoland präsentiert sich dagegen in einem gänzlich anderen Erscheinungsbild: Hier besticht vor allem die wie aus einem Guss wirkende Architektur der Wohn- und Geschäftshäuser, obwohl am Wiederaufbau mehrere Architekturbüros beteiligt waren. Der Stil ist zwar einheitlich, aber keineswegs monoton oder gar langweilig, und es gibt keine identischen Reihenhäuser wie in modernen Wohnsiedlungen. Den überzeugend einheitlichen Gesamtstil der bemerkenswert dicht gedrängten Bebauung auf dem Unter- wie auf dem Oberland mit ihren durchweg asymmetrischen Dachlandschaften könnte man mit folgenden knappen Worten kennzeichnen: Die Formgebung der Einzelgebäude besticht durch klare Linien, Verzicht auf jegliche Schnörkel und durch eine äußerst sympathische Farbpalette aus 16 erdtonigen (bis heute verbindlichen) Farben, die seinerzeit der Hamburger Künstler Johannes Ufer (1912 – 1987) im Architektenauftrag festgelegt hat. Die überzeugend klare Formensprache ist deutlich an den Vorgaben des Dessauer Bauhauses orientiert. Meist sind die Gebäude im Straßen- bzw. Wegeverlauf auch leicht gegeneinander versetzt – das ergibt überaus interessante Perspektiven. Wie bei vielen Inselgemeinden verlaufen auch auf Helgoland die Wege leicht bogig – sie erfüllen damit eine ideale Windbrecherfunktion bei den üblichen herbstlich/winterlichen Sturmwetterlagen, bei denen man sonst nur mit Anlauf die Straßenseite queren kann.

Sympathische Gesamtwirkung – eine Häuserzeile auf der Siemensterrasse im Unterland

Einige Gebäude stechen in der Inselarchitektur besonders hervor, darunter die äußerst gelungene evangelische Kirche St. Nicolai auf dem Oberland mit dem markanten Segelschiff als Wetterfahne auf dem freistehenden Turm. Sie setzt mit ihrer Emporenorgel die lange Tradition wunderbarer Orgeln an der Nordsee fort.

Insgesamt verdient der in unverhältnismäßig kurzer Zeit geleistete Neuaufbau Helgolands – gleichsam ein Neustart bei Null – uneingeschränkte Bewunderung. Die gelungene Komposition aus Farben, Formen und Funktionen steht im Bauen während der Nachkriegsjahre gänzlich einzigartig da.

Zum Weiterlesen

Adolphi, K. & B. P. Kremer: Paradies ohne Apfelbaum? Der Helgoländer Nr. 590, 12–13. 2013.

Bantelmann, A.: Die Landschaftsentwicklung an der schleswig-holsteinischen Westküste, dargestellt am Beispiel Nordfrieslands. Die Küste 14: 5–99. 1966.

Bergmann, H.-H.: Vogelfedern an Nord- und Ostsee. Finden und Bestimmen. Quelle & Meyer, Wiebelsheim. 2010.

Borchert, M., R. Århammar & N. Århammar: Wi lear Halunder. Helgoländisches Lehrbuch. Nordfrisk Instituut, Bredstedt. 1987.

Carson, R.: Geheimnisse des Meeres. Biederstein, München. 1952.

Christiansen, W. & H. Kohn: Flora von Helgoland. Abh. Naturwiss. Ver. Bremen 35, 209–237. 1959.

Conradt, K. & S. Conradt: Naturerlebnis Schleswig-Holstein. Tiere, Pflanzen, Landschaften. Convent, Hamburg. 2007.

Dahle, W. (Hrsg.): Helgoland. Das Reise-Lese-Buch. Temmen, Bremen. 2001.

Dierschke, V.: Welcher Vogel ist das? Franckh-Kosmos, Stuttgart. 2007.

Dierschke, J., V. Dierschke, K. Hüppop, O. Hüppop & K. F. Jachmann: Die Vogelwelt der Insel Helgoland. Ornithologische Arbeitsgemeinschaft Helgoland. Selbstverlag, Helgoland. 2011.

Ehlers, J.: Die Nordsee. Vom Wattenmeer zum Nordatlantik. Wissenschaftliche Buchgesellschaft, Darmstadt. 2008.

Falk, G. C. & D. Lehmann (Hrsg.): Nordseeküste. Klett-Perthes, Gotha. 2002.

Falke-Redaktion (Hrsg.): Die 100 besten Vogelbeobachtungsplätze in Deutschland. Mit GPS-Daten. Aula-Verlag, Wiebelsheim. 2016.

Förster, M.-B., W. Fraedrich, J. Riegert & M. Schubert: Felseninsel Helgoland. Ein geologischer Führer. Enke im Georg Thieme Verlag, Stuttgart. 2000.

Glebe, W.: Ebbe und Flut. Das Naturphänomen der Gezeiten einfach erklärt. Delius Klasing Verlag, Bielefeld. 2010.

Goemann, O.: „Echt" Helgoländer Hummer. Kohlrenken Verlag, Oldenburg. 1990.

Gosselck, F. & B. P. Kremer: Naturparadies Ostsee. 43 Erlebnistouren in neun Ländern. Quelle & Meyer Verlag, Wiebelsheim. 2016.

Gosselck, F. & B. P. Kremer: Naturparadies Nordsee. Faszinierende Erlebnistouren durch acht Länder. Quelle & Meyer Verlag, Wiebelsheim. 2019.

Grahn-Hoek, H.: Roter Flint und Heiliges Land. Helgoland zwischen Vorgeschichte und Mittelalter. Wachholtz, Neumünster. 2009.

Hagmeier, E.: Aus der Geschichte der Biologischen Anstalt Helgoland (BAH) ab 1945. Helgoländer Meeresuntersuchungen 52 (Suppl.), 1–106. 1998.

Hallier, E.: Die Vegetation auf Helgoland. Ein Führer für den Naturfreund am Felsen und am Seestrand. Otto Meißner Verlag, Hamburg. 1861. (Nachdruck Bremen University Press 2013).

Harms, J.: Check list of species (algae, invertebrates and vertebrates) found in the vicinity of Helgoland (North Sea, German Bight) – a review of recent records. Helgoländer Meeresuntersuchungen 47, 1–34. 1993.

Heydemann, B.: Neuer Biologischer Atlas. Ökologie für Schleswig-Holstein und Hamburg. Wachholtz Verlag, Neumünster. 1997.

Holt, K. von: Bernstein an unseren Küsten. Finden – Bestimmen – Bearbeiten. Quelle & Meyer Verlag, Wiebelsheim. 2. Auflage 2021.

Janke, K.: Die Makrofauna und ihre Verteilung im Felswatt von Helgoland. Helgoländer Meeresuntersuchungen 40, 1–55. 1986.

Janke, K. & B. P. Kremer: Das Watt. Tiere und Pflanzen im Weltnaturerbe. Franckh-Kosmos-Verlag, Stuttgart. 3. Auflage 2011.

Janke, K. & B. P. Kremer: Düne, Strand und Watt. Tiere und Pflanzen unserer Küsten. Franckh-Kosmos-Verlag, Stuttgart. 9. Auflage 2022.

Koenigswald, W. von: Lebendige Eiszeit. Klima und Tierwelt im Wandel. Wissenschaftliche Buchgesellschaft, Darmstadt. 2002.

Kornmann, P. & P.-H. Sahling: Meeresalgen von Helgoland. Benthische Grün-, Braun- und Rotalgen. Helgoländer wissenschftl. Meeresuntersuchungen 29, 1–289. 1977.

Kornmann, P. & P.-H. Sahling: Meeresalgen von Helgoland: Ergänzung. Helgoländer Meeresuntersuchungen 36, 1–65. 1983.

Kornmann, P. & P.-H. Sahling: Meeresalgen von Helgoland: Zweite Ergänzung. Helgoländer Meeresuntersuchungen 48, 365–406. 1994.

Kostrzewa, R.: Die Alken des Nordatlantiks. Vergleichende Brutökologie einer Seevogelgruppe. Aula-Verlag, Wiesbaden. 1998.

Kramp, W.: Helgoland. Reisereif für die Insel. Koehlers Verlagsgesellschaft, Hamburg. 2010.

Kremer, B. P.: Helgoland – ein geologisches und biologisches Inselporträt. Natur und Museum 113, 177 – 191. 1983.

Kremer, B. P.: Vom Strandkorb aus betrachtet. Faszinierendes, Überraschendes und Unvermutetes von der Meeresküste. Springer, Heidelberg. 2021.

Kremer, B. P., F. Gosselck & K. Janke: Erlebnis Küste. Naturkundliche Streifzüge an Nord- und Ostsee. Quelle & Meyer Verlag, Wiebelsheim. 2012.

Kremer, B. P. & F. Gosselck: Erlebnis Nord- und Ostseeküste. Aufgaben und Arbeitsblätter zum Lernen, Üben und Experimentieren. Quelle & Meyer Verlag, Wiebelsheim. 2012.

Kremer, B. P. & F. Gosselck: Die Küste. Lebensräume zwischen Land und Meer. Wissenschaftliche Buchgesellschaft, Darmstadt. 2018.

Kremer, B. P. & K. Janke: Die Insel Helgoland. Geologische und biologische Anmerkungen zu einem einzigartigen Lebensraum. Seevögel 7/Sonderheft 2, 1 – 32. 1986.

Kremer, B. P. & A. Wagner: *Crithmum maritimum* L. – neu für Deutschland. Floristische Rundbriefe 34(1), 1–8. 2001.

Kremer, R.: Küstenland Schleswig-Holstein. Leben am und mit dem Meer. Husum Druck- und Verlagsgesellschaft, Husum. 2015.

Krüss, J.: Historie von der schönen Insel Helgoland. Sinemis, Frankfurt. 1988.

Krumbein, W.: Verwitterung, Abtragung und Küstenschutz auf der Insel Helgoland. Abh. Naturwiss. Verein Hamburg NF 18, 9 – 31. 1975.

Kuckuck, P.: Der Nordseelotse. Lehrreiches und lustiges Vademekum für Helgoländer Badegäste und Besucher der Nordsee. 2. Aufl., bearbeitet von der Biologischen Anstalt auf Helgoland. Otto Meißner Verlag, Hamburg. 1924.

Küster, H.: Nordsee. Die Geschichte einer Landschaft. Wachholtz/Murmann Publishers, Kiel/Hamburg. 2015.

Lehmann, F. W.: Paradies ohne Apfelbaum. Eine Liebeserklärung an Helgoland. Herbig Verlagsbuchhandlung, Berlin. 1965.

Leudesdorff, R.: Wir befreiten Helgoland. Die friedliche Invasion 1950/51. Cobra Verlag, Husum. 1987.

Lorenzen, W.: Helgoland und das früheste Kupfer des Nordens. Niederelbe-Verlag, Otterndorf. 1965.
Lüning, K.: Tauchuntersuchungen zur Vertikalverteilung der sublitoralen Helgoländer Algenvegetation. Helgoländer wissenschaftl. Meeresuntersuchungen 21, 271–291. 1970.
Meier, D.: Bibliographie zur Geologie und Paläontologie von Helgoland. Mitt. Geol.-Paläontol. Inst. Univ. Hamburg 63, 201–212. 1987.
Meier, D.: Die Nordseeküste. Geschichte einer Landschaft. Boyens Medien GmbH, Heide. 2006.
Meier, D., H. J. Kühn & G. J. Borger: Der Küstenatlas. Das schleswig-holsteinische Wattenmeer in Vergangenheit und Gegenwart. Boyens Buchverlag, Heide. 2013.
Mollenhauer, D. & K. Lüning: Helgoland und die Erforschung der marinen Benthosalgen. Helgoländer Meeresuntersuchungen 42, 385–425. 1988.
Moning, C. & F. Weiß: Vögel beobachten in Norddeutschland. Franckh-Kosmos-Verlag, Stuttgart. 2. Auflage 2010.
Müller, C. & H. P. Rickmers: Auf Helgoland ist alles anders. Die wechselvolle Geschichte einer europäischen Insel. Convent Verlag, Hamburg. 2000.
Munda, I. M. & B. P. Kremer: Morphological variation and population structure of *Fucus* spp. (Phaeophyta) from Helgoland. Nova Hedwigia 64, 67 – 86. 1997.
Ornithologische Arbeitsgemeinschaft Helgoland (Hrsg.): Ornithologischer Jahresbericht Helgoland 30, 1–111. 2020.
Park, G.: Die Geologie Europas. Wissenschaftliche Buchgesellschaft, Darmstadt. 2015.
Pott, R.: Farbatlas Nordseeküste und Nordseeinseln. Eugen Ulmer Verlag, Stuttgart. 1995.
Reineck, H. E., J. Dörjes, S. Gadow & G. Hertweck: Das Watt. Ablagerungs- und Lebensraum. Senckenberg, Frankfurt. 1970.
Reinicke, R.: Bernstein. Gold des Meeres. Hinstorff-Verlag, Rostock. 2008.
Reinicke, R.: Nordseefunde. Demmler Verlag, Schwerin. 2010.
Reise, K. & A. S. Maclean: Dünen. Wiederentdeckung einer geheimnisvollen Landschaft. KJM Buchverlag, Hamburg. 2018.
Rickmers, H. P. (Hrsg.): Helgoland. Naturdenkmal der Nordsee – Deutsche Schicksalsinsel. Carl W. Dingwort Verlag, Hamburg. 1980.
Rickmers, H. P. & P.-H. Sahling: Helgoland im Wiederaufbau. Eine Bilddokumentation. Niederelbe-Verlag, Otterndorf. 1990.
Rösing, W.: Franz Schensky. Helgoländer Fotopionier bei schwerer See. Gaaserland-Verlag, Jünkerath. 2022.
Rothe, P.: Erdgeschichte. Spurensuche im Gestein. Wissenschaftliche Buchgesellschaft, Darmstadt. 2000.
Rudolph, F.: Strandfunde sammeln und bestimmen. Wachholtz Verlag, Neumünster. 2007.
Rudolph, F.: Noch mehr Strandsteine sammeln und bestimmen an Nord- und Ostsee. Wachholtz Verlag, Neumünster. 2008.
Rudolph, F.: Geologie erleben in Schleswig-Holstein. Natur- und Erlebnisführer. Wachholtz Verlag, Neumünster. 2011.
Rudolph, F., D. Pittermann & W. Bilz: Fossilien an deutschen Küsten. Finden und Bestimmen. Quelle & Meyer Verlag, Wiebelsheim. 2. Auflage 2019

Schmidt-Thomé, P.: Helgoland. Seine Dünen-Insel, die umgebenden Klippen und Meeresgründe. Sammlung Geologischer Führer Bd. 82, Gebr. Bornträger, Berlin/Stuttgart. 1987.
Schultheiß, E. (Hrsg.): Das alte Helgoland – photographiert von Franz Schensky. Maren Knauß Verlag, Helgoland. 2001.
Siebs, B. E. & E. Wohlenberg: Helgoland und die Helgoländer. Hirt, Kiel. 1953.
Sommer, U.: Biologische Meereskunde. Springer, Heidelberg. 2005.
Spaeth, C.: Zur Geologie der Insel Helgoland. Die Küste 49, 1–32. 1990.
Stühmer, H. H., H. D. Schulz & H. Willkomm: Rohkupferfunde vor Helgoland. Offa 35, 11 – 35. 1978.
Stühmer, H. H., C. Spaeth & F. Schmid: Fossilien Helgolands. Teil 1 Trias und Unterkreide. Niederelbe-Verlag, Otterndorf. 1982.
Stühmer, H. H., F. Schmid & C. Spaeth: Fossilien Helgolands. Teil 2 Oberkreide. Niederelbe-Verlag, Otterndorf. 1986.
Vahlendieck, A. W.: Das Witte Kliff von Helgoland. Nordfrisk Instituut, Bredstedt. 1992.
Vahrenholt, F. & S. Lüning: Unerwünschte Wahrheiten. Was Sie über den Klimawandel wissen sollten. Langen Müller Verlag, München. 2020.
Vauk, G.: Geschichte der Vogelwarte Helgoland. Niederelbe-Verlag, Otterndorf. 1977.
Vauk, G.: Naturdenkmal Lummenfels Helgoland. Niederelbe-Verlag, Otterndorf. 1985.
Werner, P.: Die Gründung der Königlichen Biologischen Anstalt auf Helgoland und ihre Geschichte bis 1945. Helgoländer Meeresuntersuchungen 47 (Suppl.), 1–182. 1993.
Wieland, P.: Küstenfibel. Boyens Verlag, Heide. 1990.
Wiese, V. & K. Janke: Die Meeresschnecken und -muscheln Deutschlands. Finden – Erkennen – Bestimmen. Quelle & Meyer Verlag, Wiebelsheim. 2021.
Wurster, P.: Geologisches Porträt Helgolands. Die Natur 70, 135–150. 1962.

Bildnachweis

Bundesamt für Seeschifffahrt und Hydrographie 57
Dierschke, Jochen; 115 (u)
Elsen, Martin 64
Furtmeier, Klaus: 149
Gosselck, Fritz: 10/11, 31, 56, 124
Hecker, Frank: 41, 110, 112, 114, 115 (o), 116, 119, 120 (o), 123 (2), 125 (2), 127, 129 (o), 130 (2), 131, 132
Heinze, Ottmar 141
Helgoland-Museum: 143, 144
Helgoland-Tourismus: 8
Janke, Klaus: 44
Kremer, Bruno P.: 3, 9, 13, 14, 15, 17, 18, 19, 21, 22, 25, 27, 28, 29, 32, 36, 37, 40, 42, 43, 47, 49, 50, 51, 52, 53, 58, 61, 62, 65, 66, 71, 72, 75, 77, 78, 79, 80, 81, 82, 83, 84, 85, 86, 87, 88, 89, 90, 91, 92, 93, 94, 95, 97, 98, 99, 100, 101, 102, 103, 104, 105, 106, 107, 108, 109 (2), 111, 112, 113, 117, 120 (u), 121, 122, 122, 126 (o), 129 (u), 130 (o l, u l), 133, 134, 135, 136 (2), 137, 138, 139, 140, 142, 145, 151, 152, 154, 155, 156, 157, 158, 159, 160, 161
Rauch, Brigitte: 74
Schensky, Franz (Förderverein Museum Helgoland): 54, 69, 146, 150, 159
Stühmer, Hans H.: 35, 38
Tadday, Lilo: 68, 72, 126 (u), 128
Theisinger, Dieter: 76

Register